Ringrazio Moreno Strazza per aver partecipato alla stesura di un paio di capitoli ed Elisa Palazzi per i ragionamenti condivisi che hanno ispirato l'ultimo capitolo sul climate change; e Sabina per il confronto e la comprensione. La redazione tutta di Editoriale Scienza va ringraziata ben bene: per la professionalità e (parecchio!) per la pazienza.

Testi: Andrea Vico
Progetto grafico: Alessandra Zorzetti

Referenze iconografiche:
Getty Images pp. 28 as © Underwood Archives; 34 © Bettmann; 65 © Apic/; 66 © GraphicaArtis; 87 © Igor Kostin/Sygma; 89 © EFDA-JET/Science Photo Library; 96 © Paul Nicklen/National Geographic; 101a © Mattias Klum/National Geographic.
AGF-FOTO/SPL pp. 9 © Richard Bizley; 10 © Sheila Terry; 38 © Prof. David Hall; 44, 56 © Martin Bond; 72c © Chris Knapton; 76 © Christophe Vander Eecken/ Reporters; 77 © Ashley Cooper.
Shutterstock copertina © xieyuliang; pp. 5 © Makc; 90 © Piyaset; 90, 91 © Kengi; 91 © Mark Aplet; 94a © Lucky Team Studio; 97b © tulpahn; 99 © Aleksandar Grozdanovski; 99, 101d © SoleilC; 100 © Richard Whitcombe; 102 © Bernhard Staehli.
Adobe Stock p. 64 © Ihatove_inc.
Fotolia copertina d, 3s © oljica; copertina s, 30cd, 31a, 39 © Simon; pp. 3d, 30cs © Guido Vrola; 8bd © Florian Mühlbauer; 8ad © © draganm; 11 © milosluz; 14 © fakegraphic; 15a © mhfoto; 17 © Oli_ok; 18 © dutourdumonde; 20c, 28 © tribalium81; 20ad © volyk; 23b © andrò mina; 26b © MSA; 29, 72d, 77 © alder; 30c, 36b © zobeedy; 32 © lexan; 33 © Kovalenko Inna; 36 © Misko Kordic; 37 © tomas; 38 © peresanz; 40c © Samo Trebizan; 40s, 45b © soleilc1; 40d, 42, 43 © cyber crisi; 42 © Thomas Barrat; 43 © Onkelchen; 45 © Videowokart; 46 © sergioboccardo; 48s © Rafa Irusta; 48d © LHF; 48a © Alexander Potapov; 49 © Lifeinapixel; 50 © Ritu Jethani; 51a © Giuseppe Porzani; 51b © Peter Eggermann; 52 © alessandrozocc; 53 © Tahoo G; 54 © Michael Ransburg; 55 © Angelo Giampiccolo; 58d © photlook; 58s, 68 © soleilc1; 60 © James Thew; 61 © manfredxy; 62 © Georgios Kollidas; 64a © magraphics.eu; 67a © Paul Fleet; 67b © Ion Popa; 68 © trekandshoot; 69 © LiLi OuT Of CountrY; 5, 70, 91 © T. Michel; 72s, 75 © sassyphotos; 73 © Beboy; 74 © Jörg Rammer; 75 © Africa Studio; 78s © Image Source; 78d © krzysztof siekielski; 78c © Atlantis; 78a, 82b © Sam; 79 © Abe Mossop; 80a © Laurentiu Iordache; 80b © Valerie Thang; 81a © electriceye; 81b © Chlorophylle; 82a © Pavlo Vakhrushev; 83 © Pixel & Création; 84 © PozitivStudija; 86 © Quentin Jourdran; 88 © bmaki.
Archivio Giunti pp. 21, 24b, 26 © Bettmann; 35
Dove non altrimenti indicato, le immagini appartengono all'**archivio Giunti**.
L'editore si dichiara disponibile a regolare le eventuali spettanze per quelle immagini di cui non sia stato possibile reperire la fonte.

www.editorialescienza.it
www.giunti.it

via Bolognese, 165 – 50139 Firenze – Italia
via Beccaria, 6 – 34133 Trieste – Italia
Prima edizione: giugno 2012
Nuova edizione: settembre 2018

FSC www.fsc.org MISTO Carta da fonti gestite in maniera responsabile FSC® C016466

Stampato presso Lito Terrazzi srl
Stabilimento di Iolo

ANDREA VICO

ENERGIA
DAL FUOCO ALL'ELIO

Viaggio nella storia
delle fonti fossili
e rinnovabili

editoriale
SCIENZA

PREFAZIONE

"Energia dal fuoco all'elio", di Andrea Vico, è un viaggio, leggero e profondo allo stesso tempo, nel mondo delle fonti di energia e del loro utilizzo. Un viaggio arricchito, in questa nuova edizione, da un capitolo che approfondisce il legame tra attività umane, in particolare la produzione di energia da fonti fossili come petrolio o carbone, e il riscaldamento climatico recente.

Proprio per il lavoro che svolgo, sono una scienziata, ricercatrice dell'Istituto di Scienze dell'Atmosfera e del Clima del Consiglio Nazionale delle Ricerche e mi occupo dello studio del clima e dei meccanismi che ne determinano la variabilità e i cambiamenti, è con gioia che mi ritrovo a scrivere la prefazione a questa nuova edizione.

È dalle origini del pianeta che il clima sulla Terra cambia e si trasforma. Ma il riscaldamento che si è verificato a partire dalla seconda metà del XX secolo è un fenomeno nuovo: è un riscaldamento diverso, per la rapidità e per le cause che lo hanno innescato, da qualunque altro mutamento del clima verificatosi in passato, almeno nell'ultimo milione di anni. La causa del climate change *è l'amplificazione dell'effetto serra naturale, a sua volta causata dall'aumento nella concentrazione di gas serra prodotti dalle attività umane. Tra questi spicca l'anidride carbonica, emessa quando composti contenenti carbonio (petrolio, carbone, metano) vengono bruciati per produrre energia. Molte conseguenze del riscaldamento sono sotto gli occhi di tutti (ghiacciai che si riducono di anno in anno, innalzamento del livello dei mari, aumento degli eventi climatici estremi come ondate di caldo prolungato o fenomeni di precipitazione intensa e concentrata...) e si inaspriranno in futuro se non si attuerà una riduzione drastica delle emissioni.*

Citando le fonti scientifiche più autorevoli, in questo libro Andrea Vico descrive chiaramente le specificità dei cambiamenti climatici di oggi, li confronta con quelli avvenuti nel lontano passato, di cui sappiamo grazie all'analisi delle carote di ghiaccio prelevate in Antartide, e illustra i possibili scenari futuri prodotti dai modelli climatici più avanzati. Il clima evolverà sotto l'azione di diversi meccanismi automatici tipici della fisica dell'atmosfera quando gli equilibri cambiano repentinamente, e per la propria dinamica interna, ma le scelte energetiche e tecnologiche della società nei decenni a venire, che determineranno aumenti o riduzioni nelle emissioni di gas serra in atmosfera, avranno un peso decisivo.

C'è, per concludere, un secondo motivo che mi rende assai felice di consigliare la lettura di questo libro. Nei miei panni di scienziata del clima sono diversi anni ormai che collaboro con Andrea in attività di divulgazione scientifica sul tema dei cambiamenti climatici, dell'energia, dell'ambiente. Tra le pagine del libro ho ritrovato lo stesso spirito che anima Andrea durante i nostri incontri, soprattutto quelli che rivolgiamo ai ragazzi: la volontà di fornire gli strumenti per imparare a fare scelte consapevoli, basate sulla conoscenza.
Chi leggerà queste pagine capirà che il cambiamento climatico è una delle questioni più urgenti del nostro tempo e che contrastarlo dipende anche da noi. Nessuna azione è inutile se è quella giusta.
Buona lettura!

Elisa Palazzi

INDICE

INDICE

FUOCO, VENTO, RUOTE

Era già buio da un pezzo, e il piccolo gruppo di uomini - scimmia scontava l'umidità di troppe notti al freddo; la carne cruda gorgogliava rumorosamente nello stomaco. Dal bosco una strana bestia, con un unico occhio rosso, si avvicinava.

UNO STRANO OCCHIO

Tutti si rintanarono negli angoli più inaccessibili della caverna quando la bestia, nel suo alone arancio, emise un grugnito... inconfondibile! Era papà-scimmia che reggeva in mano un grosso bastone incendiato. Aveva domato il **fuoco**!

Ci vollero parecchi giorni affinché tutti prendessero confidenza con la novità. Come sempre i cuccioli, più curiosi, avevano fraternizzato per primi con quello strano "fiore rosso", crepitante e sempre in movimento. Era pericoloso, certo: bruciava la pelliccia, produceva un fumo soffocante, era difficile da contenere e da trasportare... Ma i vantaggi erano innegabili e gradevoli: di sera illuminava la caverna, teneva lontane le bestie feroci (nonché api e zanzare) e, alla giusta distanza, garantiva un bel calduccio tutta la notte. Una volta che un cosciotto di antilope era caduto nelle sue vicinanze e si era un po' abbrustolito, mamma-scimmia aveva anche scoperto che la carne era più tenera e saporita. L'unica fatica era quella di procurargli da mangiare: il fiore rosso divorava incredibili quantità di legna.

La storia era fatta: quei primi uomini-scimmia iniziarono

Essendo difficile da reperire, il fuoco divenne preziosissimo. Era un dono degli dei e, nella mitologia di tutte le culture, senza alcuna esclusione, il fuoco è sacro. Perciò veniva custodito nel tempio e sorvegliato dai sacerdoti affinché non si spegnesse.

un cammino evolutivo irreversibile che li avrebbe trasformati in uomini veri e propri. Primitivi, senz'altro; ma certamente mai più scimmie.

L'HOMO ERECTUS

FUOCO FAI-DA-TE

Dopo aver domato il fuoco, i nostri antenati dovettero risolvere il problema di come procurarselo senza aspettare un fulmine o rischiare la pelliccia nei dintorni di un vulcano. Un po' per caso e un po' per arguzia, escogitarono due modi. Il primo consisteva nello sfruttare le scintille naturali prodotte dal battere una pietra particolare (una selce, detta pietra focaia) contro un altro sasso. Le scintille cadevano su paglia o foglie molto secche che si incendiavano facilmente. Con l'altro sistema si otteneva il fuoco per sfregamento: un bastone appuntito di un legno molto duro veniva ruotato come se fosse la punta di un trapano su un altro pezzo di legno. Il calore dello sfregamento, con molta pazienza, faceva lentamente incendiare un mucchietto di paglia o di foglie secche.

La conquista del fuoco avvenne circa 2 milioni di anni fa, sulle rive del lago Turkana in Africa, da parte dell'*Homo erectus*. Probabilmente per caso, grazie a un albero incendiato da un fulmine o dalla lava incandescente di un vulcano. Ci vollero, poi, ben un milione e mezzo di anni prima che i nostri antenati imparassero a sfruttarlo meglio. Gli scienziati hanno ipotizzato che il fuoco venisse utilizzato per cucinare già 500 mila anni fa. L'energia termica che sprigiona la fiamma è adatta ad ammorbidire la carne, rendendola più digeribile, e a sterilizzare altri cibi. Inoltre, con il fuoco si combinano tra loro sostanze crude altrimenti immangiabili, come quando si fa il pane.

Il fuoco ha dato il via all'**età del bronzo**. Alcune pietre usate per circoscrivere il focolare (e dunque roventi) rilasciavano liquidi lucenti (lo **stagno**) o rossastri (il **rame**). Osservando il fenomeno, gli uomini primitivi impararono che i due materiali potevano essere mescolati per ottenere il bronzo e quindi forgiare attrezzi più funzionali e resistenti, come aratri, accette, punte di lance e frecce. Il fuoco ben presto servì anche per fabbricare utensili domestici a base di argilla (vasi, orci, mattoni...), nonché per produrre il vetro.

IL SEGRETO DEL FUOCO

Qual è il segreto del fuoco? Perché brucia ed è caldo? Attraverso un processo che si chiama **combustione**, gli atomi che compongono il **combustibile** (prevalentemente carbonio e idrogeno) si combinano con atomi di ossigeno in una reazione chimica che sviluppa calore. Se manca uno di questi tre elementi, la combustione non può avvenire. Per ottenere fiamme più luminose e calde basta aumentare la quantità di ossigeno. Infatti l'età del bronzo e l'età del ferro sono nate quando l'uomo ha inventato il **mantice**. Ancora oggi, alcune tribù del Sudan riescono a fondere i metalli con un mantice primitivo: il fuoco può così raggiungere temperature superiori ai 900 °C (normalmente la legna brucia a 250 °C).

Oltre al legno, un altro combustibile usato di frequente dagli antichi ero lo **sterco** degli animali. Abitudine ancora presente oggi nelle civiltà contadine e tra le popolazioni povere di risorse, diffusa tra gli abitanti delle Ande così come tra i pastori della Mongolia. Generalmente, incaricati di raccogliere gli escrementi degli animali erano i bambini. Poi le donne li impastavano e li mettevano in appositi stampi affinché (essiccando al Sole) se ne ottenessero delle mattonelle, decisamente più pratiche da maneggiare. Questo combu-

IL MANTICE

Il tiraggio fu migliorato dapprima soffiando con il fiato attraverso delle canne, poi introducendo il mantice.

Nel 1661 Robert Boyle pubblicò *The sceptical chymist*, il libro che ha segnato il passaggio dall'alchimia alla chimica in senso moderno, contribuendo in maniera decisiva allo sviluppo di questa scienza.

stibile brucia lentamente con poca fiamma e poco fumo e produce un calore elevato. Con una parola moderna, legna e sterco oggi verrebbero classificati tra le energie rinnovabili, alla voce "**biomassa**".

CANDELE E FIAMMIFERI

Per illuminare le case, le candele arrivarono circa 3000 anni fa. Le prime candele erano costituite da un filo di cotone imbevuto di grasso animale solidificato. Solo i ricchi e i potenti potevano permettersele perché era molto difficile produrle. Nel Medioevo, i poveri usavano **candele di sego** (grasso animale), mentre i ricchi avevano **candele di cera** d'api (che erano molto profumate). Solo nel XVII secolo si trovò il modo di realizzarle rapidamente e in serie, colando la cera calda in numerosi stampi posti uno accanto all'altro con lo stoppino già inserito.

Lo stoppino è il cuore del meccanismo: deve essere assorbente al punto giusto, deve infiammarsi con facilità, ma non deve bruciare troppo rapidamente. Non appena viene acceso, il calore della fiamma scioglie la cera che, man mano che diventa liquida, per capillarità risale lo stoppino fino alla fiammella, dove vaporizza. In questo modo produce luce e il calore necessario per autoalimentare il meccanismo.

FUOCO TASCABILE

I fiammiferi sono recentissimi, risalgono al Settecento. I primi rudimentali bastoncini di cartone ricoperti di fosforo, in grado di dar fuoco a ramoscelli coperti di zolfo, furono realizzati nel 1680 dall'inglese Robert Boyle, ma con materiali ancora troppo costosi. Esattamente 100 anni dopo, comparvero, per opera di un ignoto inventore francese, delle "candele fosforiche": tubi di vetro sigillati sottovuoto con dentro un supporto di cartone imbevuto di fosforo. Per avere la fiamma bastava spezzarne la punta, poiché il fosforo puro a contatto con l'aria si incendia all'istante. Per i successivi cinquant'anni, numerosi altri inventori si cimentarono nella sfida del "fuoco tascabile", ma fu solo nel 1831 che il francese Charles Sauria riuscì a produrre i fiammiferi così come li conosciamo oggi.

DOMARE IL VENTO

ULISSE E LE SIRENE

Omero, nel canto V del suo poema, così descrive la zattera costruita da Ulisse per lasciare l'isola di Calipso: "L'albero con l'antenna èrsevi ancora/ [...] Le tue tele, o Calipso, in man gli andaro/ E buona gli uscì pur di man la vela,/Cui le funi legò, legò le sartie".

Per poter riconquistare il trono del padre Esone, re di Iolco, Giasone fu sfidato a conquistare il vello d'oro. Scelti 50 tra i più bravi navigatori, Giasone prese il mare con la più bella nave che allora si potesse costruire: *Argo* (da cui il termine Argonauti per indicare i compagni d'avventura di Giasone). Con 50 remi e una grande **vela**, era la più veloce imbarcazione del suo tempo. Dopo lunghe peripezie e 12 prove sovrumane, Giasone riuscì nell'impresa. Ma il destino non gli sorrise: dopo aver ottenuto gloria e onori, passò gli ultimi anni della sua vita a peregrinare da un porto all'altro, sempre con la sua *Argo*, ormai malconcia e cadente.

Anche le diverse imbarcazioni che Ulisse utilizzò nella sua *Odissea* avevano la vela, come testimonia l'albero maestro a cui si fece legare per ascoltare il canto delle Sirene senza esserne rapito.

Quando l'uomo imparò a navigare, per alcuni secoli il **remo** fu l'unico strumento utilizzato per governare le barche. I primi a sfruttare l'energia del vento furono probabilmente gli Egizi, nel 3000 a.C. circa: remare contro corrente per risalire il Nilo era faticoso, mentre in certe stagioni e in precisi

Disegno di un'imbarcazione fenicia

momenti della giornata si alzava una brezza che soffiava nella giusta direzione. Bastò legare una grossa tela a un tronco piantato in verticale e limitarsi a controllare il timone. Ma gli Egizi non andarono oltre. I Fenici, invece, copiarono l'idea e la migliorarono, fino a costruire grosse navi da trasporto e solcare il Mediterraneo in lungo e in largo.

Gli Egizi erano contadini, mentre i Fenici mercanti e, per attirare sempre nuovi clienti, erano costantemente alla ricerca di sistemi innovativi per trasportare le loro merci. Inoltre, nella loro patria (all'incirca la regione degli odierni Libano e Siria) crescevano alberi alti e robusti, l'ideale per costruire una chiglia resistente e sostenere grandi vele.

Tra il 610 e il 597 a.C, i Fenici, primi nella storia, realizzarono un viaggio di circumnavigazione di un continente. Partendo dal Mar Rosso, costeggiarono l'Africa verso sud sulla costa atlantica e rientrarono nel Mediterraneo dallo Stretto di Gibilterra, le famose colonne di Ercole, che delimitavano il mondo allora conosciuto.

Una delle imbarcazioni più diffuse dell'antichità era la **galea**, usata dai Greci come nave da battaglia, molto potente: lunga anche 40 metri, aveva tre ordini di remi, due o tre alberi con più tipi di vele. Nella famosa battaglia di Salamina (480 a.C.), i Persiani furono sconfitti dalla flotta ateniese, composta da centinaia di galee. Col passare dei secoli, le imbarcazioni a vela si perfezionarono e, intorno al 200 a.C. comparvero le prime navi in grado di sfruttare il vento contrario grazie a una nuova tecnologia per governare le vele. Con l'andatura di bolina fu così possibile navigare in mare aperto e aprire nuove rotte.

LA GARA DEL TÈ

I grandi navigatori come Marco Polo, Colombo, Magellano, Vespucci... hanno compiuto mirabili imprese. Ma l'avventura più entusiasmante della navigazione a vela è stata stimolata non tanto dal desiderio di scoprire nuovi mondi, quanto da interessi commerciali. Intorno al 1850, gli importatori inglesi di tè cominciarono a offrire premi in denaro ai capitani di quelle navi che per prime fossero arrivate dall'India con il nuovo raccolto. Il viaggio per mare durava parecchie settimane: bisognava attraversare l'oceano Indiano, doppiare il capo di Buona Speranza e risalire tutto l'Atlantico fino al canale della Manica. Nacquero così i clipper, imbarcazioni da carico veloci e agili, con ampia velatura, che partivano dall'India quasi contemporaneamente e facevano a gara per arrivare a Londra per prime. Nel 1866, cinque clipper (l'*Ariel*, il *Taitsing*, il *Fiery Cross*, il *Serica* e il *Taeping*), partendo a fine maggio da Fuzhou (in Cina), si sfidarono in una corsa emozionante che tenne banco sui giornali inglesi per oltre 3 mesi, con colpi di scena e astuzie da parte dei rispettivi capitani nello scegliere la rotta con più vento. Il primo a imboccare la foce del Tamigi fu l'*Ariel*, ma il *Taeping* trovò un rimorchiatore migliore e arrivò per primo sul fil di lana. Il premio venne diviso alla pari. Fu il canto del cigno delle navi da carico a vela.

Circa nel 300 d.C., ci si rese conto che questa straordinaria forza naturale, il vento, poteva essere sfruttata per azionare macchinari di vario tipo. Le prime civiltà utilizzavano l'energia muscolare (umana o animale) per compiere numerosi lavori: arare, sollevare pesi, costruire monumenti, macinare il grano, attingere l'acqua dai pozzi... ma era faticoso. L'**energia del vento**, opportunamente catturata, poteva invece risolvere molti problemi.

MULINI A VENTO

I **primi mulini a vento** furono realizzati in Cina, probabilmente verso il IV secolo. Le pale ruotavano orizzontalmente e, tramite ingranaggi di legno, pescavano l'acqua dai pozzi per irrigare i campi, macinare e spostare pesi. I Persiani importarono quest'idea nel Mediterraneo verso il 700 d.C.

I più famosi costruttori di mulini furono senz'altro gli **Olandesi**. Nel Medioevo buona parte dell'attuale territorio dei Paesi Bassi era sommerso dall'acqua del mare. Per avere nuove terre da coltivare, i contadini prima costruivano un argine che delimitasse l'area desiderata, poi, svuotavano dall'acqua quell'enorme "piscina" che si era venuta a creare.

Il sistema più comodo era quello di collegare ai mulini a vento (l'Olanda si affaccia sul mare e non ha montagne alle spalle, il vento abbonda) delle **pompe** che funzionassero costantemente, senza altra fatica per l'uomo. Gli artigiani che li sapevano costruire avevano grande considerazione sociale.

MULINO A VENTO
La prima notizia di un mulino simile a quello raffigurato è del 1180. Le ali sono di grossa tela, come le vele di una nave, hanno la possibilità di ruotare su un pilone perpendicolare al terreno e si orientano nella direzione del vento.

CARRO SUMERO E CARRO GRECO

Nel primo, a sinistra, che risale al 2500 a.C, le ruote sono fatte di due mezzi dischi pieni; nel secondo, a destra, le ruote sono a raggi. Un'altra differenza: il primo è trainato da asini, il secondo da cavalli.

LA RUOTA

L'invenzione della ruota per il trasporto risale al 3000 a.C. Prima della scoperta della ruota gli uomini spostavano grossi carichi utilizzando il sistema del **rotolamento dei pesi** su tronchi d'albero. Le prime notizie sull'uso della ruota ci arrivano dalla Mesopotamia, più esattamente dalle rovine di una città sumera, dove è stato ritrovato un dipinto che raffigura un carro funebre con quattro **ruote piene**. I Sumeri inventarono la ruota probabilmente per la lavorazione del vasellame già nel 4000 a.C., ma impiegarono alcuni secoli prima di immaginare di usarla per i carri. Le prime ruote erano formate da un cerchio di legno pieno con assi inchiodati a un asse orizzontale. Curiosamente, popoli molto più antichi e più ingegnosi dei Sumeri, come gli Egizi o gli Inca, non avevano pensato a un meccanismo così semplice e costruirono le piramidi e Machu Picchu senza l'uso della ruota, che li avrebbe aiutati a spostare blocchi di pietra pesanti diverse tonnellate. In realtà, sembra che gli Inca conoscessero la ruota, che però usavano solo come giocattolo e per riti cerimoniali. Infatti, pare che l'uso della ruota fosse collegato al domesticamento di animali selvaggi, pratica non diffusa nell'America precolombiana. Gli Egizi, invece, per erigere le prime colossali statue di divinità usavano la "**treggia**", una specie di slitta da trasporto, con due pattini paralleli uniti da assi trasversali, che veniva trascinata dagli schiavi.

Sebbene nata tardi, la ruota si diffuse rapidamente in tutto il Mediterraneo: furono i Romani a esaltarne la funzionalità con carri da guerra agili e leggeri e con le famose **bighe**, dotate di robustissime ruote a raggi, rinforzate con placche di ferro.

MULINI AD ACQUA

Verso il 100 a.C, ad Alessandria d'Egitto, alcuni ingegneri inventarono le prime **ruote idrauliche** che permisero lo sviluppo dei mulini ad acqua per sfruttare l'energia dei fiumi. La ruota è una sorta di amplificatore di energia, perché permette di imbrigliare il movimento, anche modesto, di un ruscello, trasmetterlo e utilizzarlo per macinare il grano o sollevare l'acqua da un pozzo.

I Romani perfezionarono le **ruote a pale**, usandole per il sollevamento dei pesi, per far girare macine per schiacciare e macinare i cereali. Inoltre, si pensa abbiano anche inventato gli antenati delle ruote dentate: le **ruote a pioli**.

Nel corso del Medioevo i mulini furono perfezionati sempre di più fino a che nel Cinquecento nacque l'idea di attaccare delle cinghie sui bracci della ruota, trasformando così il movimento rotatorio in **movimento alternato orizzontale**: ciò

VINCERE L'ATTRITO

La ruota ottimizza l'energia necessaria a compiere un lavoro perché è rotonda: l'arma vincente contro l'attrito. L'attrito è quella forza che agisce fra due superfici che sono in contatto e che si muovono l'una rispetto all'altra. L'entità di questa forza dipende innanzitutto dalla scabrosità (ruvidità) delle superfici. Alcuni materiali hanno il potere di influire sulla scabrosità: l'olio e il grasso in senso positivo, la colla o la sabbia in senso negativo. I lubrificanti infatti hanno il compito di riempire tutti i microscopici avvallamenti delle due superfici creando una pellicola sottile e liscia che ne favorisce la reciproca scorrevolezza.
L'attrito è una forza che comunque si oppone al movimento: in qualunque direzione avvenga il moto, l'attrito agisce in senso opposto, ed è sempre parallelo alla superficie di scorrimento.

L'uso delle catene rese possibile costruire biciclette simili a quelle attuali, con il ciclista seduto in posizione intermedia tra due ruote di uguale dimensioni. È il cosiddetto biciclo di sicurezza: un passo avanti rispetto al contemporaneo biciclo comune (nella foto).

permise di trasformare il mulino in una segheria, in una cartiera o in una fabbrica tessile!

INGRANAGGI

Gli ingranaggi sono ruote dentate che si incastrano a due a due; scopo di qualsiasi ingranaggio è quello di utilizzare al meglio l'energia disponibile o necessaria per una certa azione. Che vuol dire compiere un lavoro con il minimo sforzo e risparmiare fatica.

Inoltre la peculiarità degli ingranaggi è quella di poter trasformare il movimento: ad esempio un **moto rotatorio** (la pedalata) in **moto traslatorio** (la bici che avanza).

Su questo meccanismo si basa il funzionamento di moltissimi oggetti: dai mulini a vento del Medioevo alla centrifuga per asciugare l'insalata, dai vari organi di trasmissione del motore di un'automobile ai più antichi orologi, dai paranchi e dalle carrucole per governare le enormi vele delle navi al meccanismo delle tapparelle e delle tende avvolgibili.

Anche il cambio delle tue biciclette è un ingranaggio costituito da due gruppi di ruote dentate di diversa misura, che non si toccano direttamente, ma sono collegate da una catena che trasmette energia dall'una all'altra. È possibile così, al variare del tipo di percorso (pianura o salita), trovare di volta in volta la combinazione di ruote che possono trasmettere l'energia dei tuoi muscoli nel modo più efficiente.

LUMINO A OLIO

OBIETTIVO DELL'ESPERIMENTO
Costruire un lumino a olio simile a quello che i nostri antenati adoperavano prima dell'invenzione della candela.

MATERIALI OCCORRENTI
- Un bicchierino di vetro (non usare assolutamente contenitori di plastica: potrebbero infiammarsi!)
- Pellicola di alluminio tipo domopack
- Un batuffolo di cotone idrofilo
- Olio di oliva o di semi per cucinare
- Fiammiferi

PROCEDIMENTO
1. Riempire per metà il bicchierino di vetro con l'olio.

2. Prendere il batuffolo di cotone, sfilacciarlo leggermente in modo da allungarlo e poi, mettendolo fra i due palmi delle mani, arrotolarlo fino a fargli assumere la forma di un sottile cordone tubolare ben pressato, lungo circa 5 cm. Si è realizzato così un rudimentale stoppino.

3. Ritagliare un dischetto di carta di alluminio di diametro leggermente inferiore al diametro interno del bicchiere.

4. Praticare un foro al centro del dischetto e inserirci il cordone di ovatta in modo che sporga 1 cm da un lato e 4 cm dall'altro.

5. Infilare il dischetto dentro il bicchiere in modo che galleggi nell'olio con la parte lunga dello stoppino completamente immersa.

6. Aspettare qualche minuto in modo che l'olio risalga, per assorbimento, anche nella parte dello stoppino che sporge in alto.

7. Accendere un fiammifero e accostarlo all'estremità dello stoppino.

RISULTATI
L'olio alimenta la fiamma e fa restare acceso lo stoppino in maniera simile a una candela.

RIFLESSIONI
Poiché lo stoppino si consuma molto rapidamente, se si vuole che il lumino ad olio resti acceso a lungo, bisognerà estrarlo con una pinzetta di tanto in tanto al di sopra del disco di alluminio.

VAPORE

E LAMPADINE

Sei ottobre 1829. In una tiepida giornata autunnale a Rainhill, in Inghilterra, quattro macchine a vapore si sfidano: la migliore per affidabilità e potenza verrà scelta per la nuova linea ferroviaria Liverpool-Manchester, la prima tratta passeggeri del mondo.

LA GARA DI RAINHILL

Al via, la più veloce è la *Novelty* di "Braithwaite & Ericsson", ma poco dopo si ferma per un guasto. La *Perseverance* di Burstall è invece troppo lenta per gli standard richiesti, mentre la *Sans Pareil* di Hackworth addirittura esplode per l'eccessiva pressione del vapore.

A gara terminata il più soddisfatto è Robert Stephenson: il *Rocket* (che in inglese significa razzo), il locomotore da lui progettato, ha surclassato tutti gli altri mezzi e, coprendo il percorso in 3' e 44", con una velocità massima di 46 km/h, ha definitivamente dimostrato che per trainare i treni le macchine a vapore sono di gran lunga più efficaci dei cavalli.

In quel momento viene anche coniato il termine HP (tuttora utilizzato per classificare la potenza dei motori), che per esteso si legge "horse power", cioè cavallo-vapore. La potenza delle prime locomotive infatti era calcolata in base al numero di cavalli da traino che riuscivano a rimpiazzare.

Il locomotore **Rocket** *pesava 4316 kg, aveva una caldaia lunga 1,73 m, attraversata da 25 tubi di 7 cm di diametro.*

LA MACCHINA DI NEWCOMEN

Nel cilindro c'è un pistone che viene spinto in alto dalla forza del vapore. Poi viene gettata l'acqua per raffreddare il cilindro. Il vapore si condensa, nel cilindro resta il vuoto e il pistone scende con grande forza azionando le pompe destinate a vuotare una miniera allagata.

MACCHINE A VAPORE

COME FUNZIONA UNA MACCHINA A VAPORE?

Se si osserva di lato una locomotiva, tra la cabina di guida e il fumaiolo si vede un lungo e massiccio corpo rotondo: è la caldaia dell'acqua, un enorme boiler. Tra la caldaia e la cabina c'è la stufa dove brucia il carbone. I gas di combustione vengono raccolti in 150-180 tubi di pochi centimetri di diametro che, attraversando la caldaia in tutta la sua lunghezza, riscaldano l'acqua. Intorno ai 100 °C l'acqua evapora. Quando il vapore raggiunge una pressione sufficiente, viene convogliato nei cilindri attraverso dei tubi controllati da più valvole di sicurezza. Nel cilindro c'è uno stantuffo che, sotto la pressione del vapore, scorre avanti e indietro. Lo stantuffo è collegato a un sistema biella-manovella capace di trasformare il movimento alternato-rettilineo in movimento rotatorio-continuo, quello necessario per azionare le due o tre coppie di ruote motrici della locomotiva.

Di poter ricavare energia dall'acqua bollente se ne parlava almeno da un secolo, da quando, nel 1712, **Thomas Newcomen** costruì la prima macchina a vapore efficiente. Ma erano macchine "statiche", che servivano per pompare acqua dai pozzi o azionare i grandi telai delle industrie. Il primo mezzo semovente a vapore del mondo fu realizzato dal francese **Nicolas Cugnot**, che nel 1769 montò su un carro a tre ruote un marchingegno derivato da un motore che l'ingegnere inglese **James Watt** aveva perfezionato pochi mesi prima. Nonostante la macchina a vapore di Watt fosse una delle più funzionali dell'epoca e il carro di Cugnot avesse raggiunto la velocità di 14,5 km/h (un uomo di buon passo viaggia a 5-6 km/h), l'esperimento creò un tale scompiglio per le strade di Parigi che l'idea fu accantonata all'istante.

Il primo treno venne realizzato nel 1803 dall'inglese Richard Trevithick, che montò una piccola macchina a vapore su un carrello usato per il trasporto del carbone nelle miniere. La prima ferrovia risale al 1823: realizzata da **Robert Stephenson** (con il padre George), collegava la miniera di carbone di Darlington a un porto fluviale, ed era lunga 17 chilometri. Nel 1825 venne inaugurata in Inghilterra la *Stockton & Darlington Railway*, il primo servizio di trasporto merci a vapore aperto al pubblico, e nel 1830 la linea passeggeri Liverpool-Manchester, che impiegava la già citata locomotiva *Rocket*.

All'inizio c'era una grande diffidenza verso le navi a vapore. Nella crociera inaugurale da New York ad Albany nessun passeggero aveva osato imbarcarsi. Ma solo quattro anni dopo il Clermont *aveva tre navi gemelle.*

Negli stessi anni in cui nascevano i primi rudimentali locomotori, le caldaie furono montate anche sulle navi. Nel 1803, a Parigi, l'americano **Robert Fulton** fece un primo tentativo, ma lo scafo si inabissò nella Senna. Pochi mesi più tardi riuscì a costruire un battello a vapore che risalì il fiume filando a oltre 4 miglia orarie. E nel 1807, tornato a New York, varò il *Clermont*, la prima nave a vapore utilizzata con regolarità sulla linea New York-Albany.

LA RIVOLUZIONE INDUSTRIALE

Con la forza del vapore nasce la Rivoluzione industriale, che ha permesso agli uomini di azionare con facilità macchinari complessi e produrre oggetti in serie. Una delle differenze tra **produzione artigianale** e **produzione industriale** sta proprio qui: un artigiano conta solo sulla forza delle sue mani; l'industriale ha a disposizione macchine che fanno lavori altrimenti impossibili, producendo rapidamente tanti oggetti uguali e a costi contenuti. Quando poi l'uomo ha imparato a produrre energia elettrica dal vapore, le grandi fabbriche sono diventate ancora più efficienti. Ma non solo: con ferrovie e navi a motore, costruire una sedia in Europa e venderla negli Stati Uniti diventa d'un tratto una cosa semplice e conveniente. La **globalizzazione dei mercati** di cui tanto discutiamo oggi (e che crea perplessità dal punto di vista ambientale) è iniziata in quegli anni.

COSA BOLLE IN PENTOLA?

Se locomotori e battelli a vapore risalgono ai primi anni dell'800, l'inizio dello sfruttamento di questa nuova forma di energia va situato quasi due secoli prima. Nel 1629, il pesarese Giovanni Branca aveva azionato le pale di una piccola ruota grazie a un soffio di vapore, mentre nel 1682 il fisico francese Denis Papin presentò al pubblico la prima pentola a pressione, da lui battezzata "digestore". Fu il primo congegno in cui l'uomo sfrutta la potenza del vapore. Papin trovò poi anche il modo di regolare la fuoriuscita del getto con una valvola e collegare il tutto a un piccolo stantuffo.
Nel 1707, montò il suo apparecchio su un battello, ma alcuni barcaioli, preoccupati che quel congegno rovinasse loro gli affari, distrussero il battello e malmenarono l'inventore. Il progresso venne rimandato di parecchi anni.

Per costruire la pila, Alessandro Volta si ispirò alla torpedine, un pesce che possiede un organo elettrico in grado di dare la scossa e stordire le prede.

LA PILA DI VOLTA

Per lunghi mesi, chiuso nel suo laboratorio, **Alessandro Volta** aveva provato e riprovato il suo esperimento. Voleva dimostrare che le zampe delle rane si contraevano solo perché toccate con un determinato tipo di metallo. Non credeva alla teoria di **Luigi Galvani** sulla presunta "elettricità spontanea" dei nervi delle rane. Per avvalorare la sua tesi, doveva assolutamente riuscire a produrre in modo artificiale quel fenomeno "naturale". Avrebbe significato, inoltre, avere una scorta di energia sempre pronta all'uso e, soprattutto, portatile. Alla fine ci riuscì e il 20 marzo del 1800 presentò la sua "**pila elettrica**" alla *Royal Society* di Londra. Si trattava di una serie di dischetti di rame e zinco alternati e separati da altri dischetti di panno inumidito. Facendo entrare in contatto le due estremità avviene, come nelle rane, la tanto misteriosa scossa elettrica.

La vicenda di Volta ha un aspetto singolare: si tratta di una scoperta-invenzione. Lo scienziato comasco infatti scopre un fenomeno fisico e, contemporaneamente, inventa una tecnologia utile all'uomo che, nella sua sostanza, rimarrà invariata fino a oggi.

ENERGIA A STRATI

Il panno o il cartone tra un dischetto e l'altro è impregnato di una soluzione di acqua e sale o acqua e aceto.

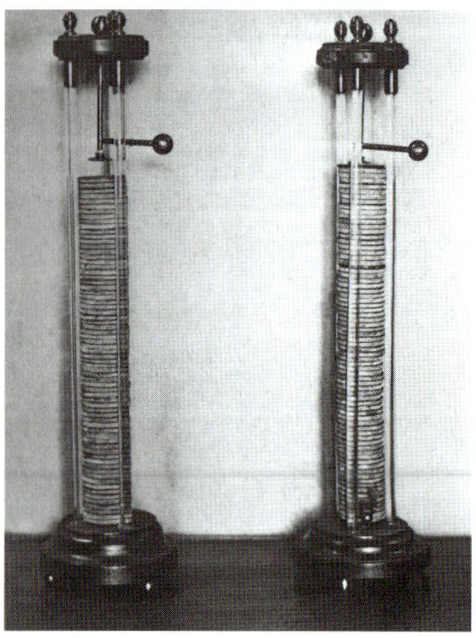

L'ELETTRICITÀ

Per spiegare l'elettricità occorre fare un piccolo passo indietro: tutta la materia che ci circonda, sia essa allo stato solido, liquido o gassoso, è composta da atomi, e ogni atomo è formato da minuscole particelle. Vi sono particelle che per natura hanno una carica elettrica positiva (i **protoni**) e altre che hanno una carica negativa (gli **elettroni**). Esistono anche particelle senza carica elettrica, che sono chiamate **neutroni**. Quella che noi chiamiamo elettricità è l'accumulo o il movimento di queste particelle cariche: una forza che esiste in natura, tant'è che già **Talete di Mileto** (noto come matematico e un vero genio in molti altri campi) nel 600 a.C. si era accorto che l'ambra gialla, se sfregata, attrae corpi leggeri. Infatti il termine "elettricità" deriva dal greco *èlektron*, che significa per l'appunto ambra. L'esistenza di particelle elettriche positive e negative fu teorizzata da **Benjamin Franklin** nella seconda metà del Settecento, ma è con Volta che l'uomo ha imparato a conoscere i fenomeni elettrici per sfruttarli a suo vantaggio.

Benjamin Franklin (1706-1790)

La corrente elettrica che serve a far funzionare una lampadina non è altro che un flusso di elettroni (cariche negative) che dalla centrale elettrica corrono lungo i fili fino a casa nostra. Premere l'interruttore è come aprire un rubinetto e far "scorrere" liberamente gli elettroni, che andranno a mettere in funzione gli apparati interni di qualunque elettrodomestico. Ecco perché l'elettricità è così importante

AUTO ELETTRICA DA RECORD

Il 29 aprile del 1899 il corridore belga Camile Jenatzy per la prima volta superò il muro dei 100 km/h (per la precisione 105,882 km/h) con un'automobile chiamata *L'incontentabile*. Il record fece molto discutere perché l'auto di Jenatzi montava un motore elettrico, che così dimostrò la sua superiorità rispetto ai propulsori a scoppio. Molti criticarono l'insolita forma del veicolo, molto affusolato e senza sporgenze; senza saperlo quell'auto stabilì anche un altro primato, essendo il primo veicolo costruito con criteri di aerodinamicità. Purtroppo aveva un'autonomia di soli 50 km, poi doveva essere ricaricata.

per la nostra vita: è una forma di energia molto versatile, si trasporta e si controlla con facilità (basta un filo isolato e un interruttore) e si converte all'istante in luce (lampadina, televisore...), calore (stufa, saldatore, forno a microonde...) o movimento (ventilatore, frullatore, ascensore, treno, auto elettriche...).

MOTORI ELETTRICI

La strada aperta da Alessandro Volta viene presto imboccata da molti altri. Nel 1820, il danese **Hans Christian Oersted** scopre l'**elettromagnetismo**, cioè il fenomeno per cui la pila di Volta è in grado di far deviare l'ago di una bussola: una circostanza cardine per il futuro delle telecomunicazioni (gli studi di Oersted stanno alla base dell'invenzione della radio da parte di Marconi) e dei trasporti. Infatti, nel 1879, il tedesco **Werner von Siemens** presenta al pubblico il primo treno elettrico e, il 18 marzo 1888, il fisico piemontese **Galileo Ferraris** annuncia la realizzazione del motore elettrico a corrente alternata, che sfrutta proprio i campi magnetici di Oersted. Ferraris non brevetterà mai la sua invenzione, per metterla a disposizione di tutti e contribuire, senza arricchirsi, al progresso dell'umanità.

IL PRIMO TRENO ELETTRICO

Se la Gran Bretagna è la patria delle locomotive a vapore, i papà dei treni elettrici sono tedeschi.

Nel 1879, in occasione dell'**Esposizione internazionale di Berlino**, il tedesco Werner von Siemens costruì la **prima ferrovia elettrica** del mondo. Doveva essere solo la dimostrazione delle potenzialità del nuovo sistema (la gente temeva di rimanere folgorata in caso di guasto) e in quest'ottica Siemens realizzò la sua locomotiva elettrica in scala ridotta, con il manovratore seduto a cavalcioni del motore elettrico. Anche i vagoni non erano veri vagoni, ma panchette con le ruote. Il tutto assomigliava a un'attrazione da luna park. La gente, 30 passeggeri alla volta, si divertiva molto a farsi portare in giro per i padiglioni dell'Esposizione alla tranquilla velocità di 6,5 km/h, ma nessuno prese sul serio il silenzioso ed efficiente motore elettrico dell'inventore tedesco.

GALILEO FERRARIS

L'idea del motore elettrico a corrente alternata gli venne una sera di agosto, mentre passeggiava a Torino. Il giorno seguente, in laboratorio, riuscì a realizzare un primo modello funzionante.

Infatti, il primo treno passeggeri elettrico fu americano: nel 1895, su un tratto di sei chilometri della *Baltimore and Ohio Railroad*, la locomotiva a vapore venne sostituita da una elettrica, poiché nelle numerose gallerie, i passeggeri erano esasperati dal fumo nero che faceva mancare il respiro e sporcava i vestiti. L'elettrificazione delle strade ferrate era molto costosa, ma

E LUCE FU!

Edison investì molto denaro per realizzare il primo impianto di illuminazione della storia che inaugurò nel 1879 al Menlo Park (New York) davanti a migliaia di persone.

L'ITALIANO DIMENTICATO

L'idea del filamento a carbonio nelle lampadine è dell'italiano **Alessandro Cruto**, che nel 1880, a pochi mesi dagli esperimenti di Edison, realizzò delle lampadine più efficaci e durevoli di quelle dell'americano. Nonostante la maggior resa delle sue lampadine, l'invenzione di Cruto fu per molti anni nota soltanto agli addetti ai lavori e tutt'ora raramente i libri di storia della scienza raccontano di questo geniale italiano.

non complicata: man mano che si procedeva con la posa dei binari, a lato veniva costruita una linea del telegrafo. Dunque era sufficiente agganciare i cavi elettrici a pali già esistenti.

EDISON

Su un versante più casalingo lo sfruttamento dell'elettricità ha inizio con l'invenzione della **lampadina elettrica**.

Già nel 1811 si era scoperto che alcuni fili metallici, se riscaldati tramite il passaggio di elettricità, si illuminavano, bruciandosi però in pochi attimi. Nel 1841 un inglese pensò di inserire tutto il meccanismo in un bulbo di vetro sottovuoto (senz'aria la combustione non è possibile) e l'idea fu raccolta da **Thomas Alva Edison** che per primo nel 1879 realizzò una efficiente lampadina a incandescenza, con bulbo sottovuoto, facile da installare ed economica.

Nel 1882, fu costruita la prima centrale elettrica a New York, più precisamente a Manhattan: le case e le strade cominciarono a essere elettrificate e da quel momento ha inizio una vera e propria rivoluzione delle abitudini e degli stili di vita. Secondo alcuni studiosi di storia è in questo periodo ha inizio l'era moderna.

Oggi l'energia elettrica è la linfa vitale della nostra esistenza: provate a contare in casa quanti sono gli apparecchi che hanno bisogno di elettricità per funzionare.

IN LABORATORIO

PILA A TAZZA

OBIETTIVO DELL'ESPERIMENTO
Accendere una lampadina con una pila fatta in casa.

MATERIALI OCCORRENTI
- Una barretta di rame e una di zinco (da cercare in ferramenta)
- Un bicchiere di vetro
- Due spezzoni di filo elettrico con le estremità ben spellate
- Un led da 1 volt
- Cartoncino
- Qualche limone

PROCEDIMENTO
1. Riempire il bicchiere di vetro per tre quarti con una spremuta di limone.

2. Attorcigliare due fili elettrici da un lato alle due barrette, dall'altro ai due terminali del led.

3. Ritagliare un dischetto di cartone di diametro pari all'orlo del bicchiere e praticare due fessure in cui incastrare le due barrette.

4. Immergere le barrette nella spremuta di limone e incastrare il dischetto di cartone nell'orlo del bicchiere.

5. Fare attenzione che né le due barrette, né i fili di collegamento facciano corto circuito, cioè si tocchino, altrimenti la pila non funziona.

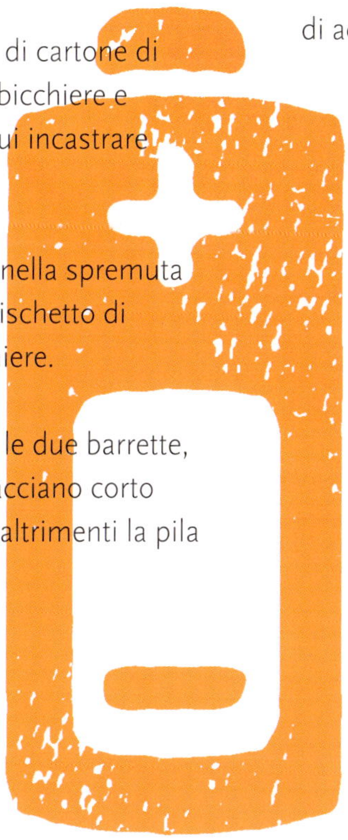

RISULTATI
Dopo alcuni secondi il led si illuminerà leggermente. L'effetto potrà essere apprezzato meglio se la pila viene posta nella semi oscurità.

RIFLESSIONI
La reazione chimica fra la soluzione acida (la spremuta di limone) e i due metalli provoca un debole flusso di elettroni che, in genere, riesce ad accendere una piccolissima lampadina! Se si dispone di un voltmetro, si può constatare che questo singolo elemento della pila a tazza fornisce una differenza di potenziale di circa 1 volt. È possibile anche sperimentare il funzionamento della pila a tazza con soluzioni diverse, per esempio acqua e sale, acqua e bicarbonato, aceto. Assolutamente vietato, per ragioni di sicurezza, l'uso di acidi corrosivi.

DINOSAURI E BENZINA

Un bis-bis-bis nipote di papà-scimmia che aveva domato il fuoco, cercando altre cose da bruciare oltre alla legna, si accorse che c'erano dei curiosi sassi neri e lucidi che, diversamente da tutte le altre pietre, potevano incendiarsi.

CARBONE...

Questi sassi bruciavano molto lentamente, avevano una fiamma bella calda e facevano poco fumo e poca cenere. In più, le pietre nere erano anche leggere e facili da trasportare. Il difficile era trovarle: si doveva andare a cercarle sottoterra o in fondo a qualche caverna.

Il carbon fossile era ben conosciuto dall'uomo preistorico e ce lo dimostrano le numerose tracce rinvenute in Italia e in Grecia, in villaggi risalenti all'età del bronzo. Era poi usato come combustibile in Cina e tra gli indigeni dell'America precolombiana già mille anni prima di Cristo. Ma si trattava sempre di **carbone "di superficie"** in cui ci si imbatteva in modo casuale (e infatti era destinato solo a re e a sacerdoti).

Furono i Cinesi, tra il 600 e il 500 a.C., a cominciare a estrarlo con metodo. Solo intorno all'anno Mille quest'attività si diffuse anche in Europa, specialmente in Gran Bretagna e in Germania, ma ricavandone solo piccole quantità. L'estrazione su grande scala inizia nel Seicento, soprattutto in Inghilterra: il carbone fossile fu allora adoperato in molte industrie e permise l'avvio della Rivoluzione industriale.

BAMBINI AL LAVORO
In Europa, durante la Rivoluzione industriale, molti ragazzi erano relegati nelle miniere di carbone, dove lavoravano per molte ore in condizioni terribili.

Torri di perforazione (derrick) su una spiaggia vicino a Baku, Azerbaijan

PETROLIO E ...

Anche il petrolio ha una storia più antica di quel che si crede. In Persia il petrolio grezzo, denso e appiccicoso, trasudava spontaneamente da alcune rocce. Dopo qualche piccola scossa di terremoto poteva anche capitare, nel deserto, di vedere un getto di petrolio fuoriuscire dal terreno a mo' di geyser (secoli più tardi Marco Polo descrisse le fontane di olio nero che aveva visto nella regione di Baku, nell'attuale Azerbaijan). Il **bitume** (una miscela semisolida di vari tipi di petrolio) veniva usato in Persia 6000 anni or sono per asfaltare le strade più importanti. Anche gli Egizi usavano la pece per rendere impermeabile il fondo delle imbarcazioni, per riscaldarsi o per illuminare.

Se il carbone era facile da utilizzare come fonte di calore o di luce, il petrolio non era considerato un buon combustibile. Era difficile da maneggiare, bruciava in modo irregolare e il fumo nero era decisamente puzzolente.

Giocare con il petrolio era roba da maghi, cioè da chi si interessava di chimica. Tant'è che nel 673 a.C., quando Costantinopoli era assediata dalla flotta araba e stava per cadere, un alchimista siriano di nome **Callinicus** propose di incendiare il mare. Come "incendiare il mare"? Callinicus dimostrò che era possibile, grazie a una miscela a base di petrolio da lui preparata: stava a galla, non si mescolava con l'acqua e così poteva bruciare anche sul mare. Immaginatevi gli arabi

QUANDO FINIRÀ?

Le previsioni "catastrofiche" degli anni Settanta assicuravano l'imminente esaurimento delle scorte di idrocarburi, ma sono state in buona parte smentite perché l'affinamento della capacità di esplorare il sottosuolo ha dimostrato che nel mondo esistono imponenti giacimenti di carbone, petrolio e gas naturale. Nel caso del petrolio, però, è dal 1985 che ogni anno si estrae più petrolio di quanto se ne scopre nei nuovi giacimenti. È chiaro che ne rimane sempre meno, mentre i consumi aumentano: nel 1973 se ne producevano 2,8 miliardi di tonnellate l'anno, nel 2016 siamo arrivati a 13,2 miliardi. A questi ritmi ci rimangono circa 40-50 anni di scorte facili da estrarre. Ma dato che la produzione non è costante, e non sono costanti i consumi, le nuove scoperte ci obbligano a rivedere ogni anno questa stima. Di due cose siamo certi: il petrolio sta per finire e costerà sempre più caro.

Un terzo delle riserve petrolifere si trova sul fondo degli oceani. Bisogna perciò installare enormi piattaforme offshore.

quando videro le fiamme che lentamente si avvicinavano alle loro navi. Pensando a chissà quale sortilegio, scapparono e Costantinopoli fu salva.

GAS NATURALE

Il gas naturale venne avvistato più volte nell'antichità, spesso in prossimità di "sorgenti" spontanee di petrolio o all'interno delle grotte dove si raccoglieva il carbone, come in Cina, oltre 2500 anni fa. Il testo di uno storico cinese (Chang Qu, datato 347 a.C.) descrive con precisione un sistema di tubi di bambù sigillati con bitume costruito nella provincia del Sichaun per convogliare in città il metano da una sorgente situata in campagna. Nelle case era utilizzato per l'illuminazione, ma veniva anche immagazzinato in speciali fiaschi per alimentare le torce durante i viaggi.

PASSEGGIATA RIVELATRICE

In Europa, il gas rimase sconosciuto fino a quando Alessandro Volta, 200 anni or sono, più o meno nello stesso periodo in cui si dedicava ai fenomeni elettrici, si accorse delle potenzialità energetiche del gas naturale. Durante una passeggiata sulle rive del **lago Maggiore**, Volta aveva notato che,

IL PICCO DI HUBBERT

Il sito di ASPO Italia (www.aspoitalia.it) ci tiene aggiornati sul picco di Hubbert, teoria scientifica proposta da M. King Hubbert che mostra il picco di produzione di una qualsiasi risorsa limitata. Per il petrolio, la curva di Hubbert indica ottimisticamente ancora 40-50 anni di riserve. Per il gas naturale i calcoli parlano di almeno 70 anni di riserve rispetto ai consumi di oggi. Tra i combustibili fossili, il metano è quello in più netta crescita, dunque anche questa stima è da rivedere anno dopo anno. Il carbone è più abbondante (ed è stato meno sfruttato, rispetto a gas e petrolio), dunque ci potrebbero essere riserve per altri 100-110 anni.

se scandagliava con un bastone i fondali più vicini alla riva, a pelo d'acqua comparivano delle bollicine con un odore caratteristico. E, avvicinando un fiammifero, quelle bollicine si incendiavano e producevano fiammelle azzurrognole. Lo chiamò dunque "**aria infiammabile delle paludi**".

ILLUMINAZIONE A GAS

ILLUMINAZIONE NELLE STRADE
Un addetto doveva accendere i lampioni alla sera e spegnerli dopo l'alba.

In Occidente, il primo impianto di illuminazione a gas venne realizzato da **William Murdoch** per un grande cotonificio inglese, il *Phillis & Lee*. Il gas era prodotto tramite la distillazione del carbone e alimentava mille lampioni. Il collaudo avvenne il primo gennaio 1806. Una data importante per il progresso, ma con risvolti negativi. L'illuminazione a gas infatti consentì all'azienda di portare a 14 le ore lavorative giornaliere di ogni operaio. Prima non era conveniente, perché le candele costavano troppo.

Qualche anno più tardi, nel 1821, le strade di un'intera cittadina, Fredonia, poco distante da New York, vennero illuminate grazie a un rudimentale impianto a gas. Rudimentale perché il gas si sprigionava spontaneamente da un "buco" nel terreno appena fuori città e lì veniva portato fino ai lam-

NUOVI SVAGHI
L'illuminazione a gas permise di leggere più facilmente, favorendo l'alfabetizzazione e nuove forme di socializzazione.

pioni tramite rozze tubature di legno e piombo. L'impianto funzionava bene, ma erano frequenti le fughe di gas con conseguente pericolo di incendi, esplosioni o intossicazioni. Inoltre ogni strada aveva un addetto che doveva accendere le lampade la sera e spegnerle dopo l'alba. Tuttavia, l'illuminazione a gas costava il 75% in meno rispetto a lampade a olio o candele e questo fattore ne accelerò di molto lo sviluppo e la diffusione.

Bastarono poche migliorie tecniche e, tra il 1840 e il 1850, gli impianti di illuminazione a gas si diffusero in numerose città europee e americane.

NUOVE ABITUDINI

Nel 1857 venne presentato anche il **primo fornello a gas**, per cucinare e contemporaneamente scaldare una stanza. Tutto ciò cambiò non poco le abitudini di chi viveva in città. L'illuminazione pubblica scoraggiò ladri e borseggiatori e la gente cominciò a uscire di sera con più tranquillità. Potendo illuminare case, sale da ballo e altri luoghi di ritrovo con costi minori, la cena (e non più il pranzo) divenne l'occasione sociale più importante della giornata e anche tra i meno ricchi si diffuse una certa "mondanità" serale. Inoltre l'illu-

NAVI SPECIALI

Le metaniere trasportano il gas naturale liquefatto (GNL) in enormi cisterne. Il metano viene trasformato in liquido (facendolo raffreddare a basse temperature) proprio per poterlo immagazzinare sulle navi, perché altrimenti occuperebbe troppo spazio. Una volta giunto a destinazione, viene riportato a temperatura ambiente, riacquistando lo stato gassoso.

minazione più intensa fornita dal gas permetteva di leggere più facilmente e più a lungo, contribuendo ad aumentare l'**alfabetizzazione**. Non solo, il gas poteva essere usato anche come combustibile per i macchinari delle fabbriche. Nel 1885 a Pittsburgh esistevano oltre 800 chilometri di tubature per il trasporto del metano per l'industria. Se questa città divenne la capitale americana dell'acciaio lo si deve sicuramente ai vantaggi del gas.

ENERGIE NON RINNOVABILI

Carbone, petrolio e gas naturale sono detti **combustibili "fossili"** (o anche energie fossili) e si sono formati sottoterra nel corso di milioni di anni, al tempo dei dinosauri, quando la Terra era molto più selvaggia di oggi: c'erano foreste ovunque e molti più animali. Anche il mare era assai più ricco, in particolare di alghe e di plancton. Inoltre la Terra era in piena evoluzione: eruzioni vulcaniche, terremoti e maremoti imperversavano ancora. Così, man mano che morivano, piante e animali venivano ricoperti da nuovi strati di terra e roccia. Sottoterra (in particolare sotto i fondali marini), le sostanze chimiche che componevano gli esseri viventi si disgregarono per il grande peso del materiale che li ricopriva, trasforman-

Miniera di carbone a cielo aperto

dosi in petrolio e gas, mentre il legno si trasformò per lo più in carbone. Fu così che nacquero tutti i grandi giacimenti di combustibili fossili che ora sfruttiamo per pro-durre energia.

Questo processo naturale si chiama **mineralizzazione**: vegetali e animali diventano petrolio e carbone, cioè minerali. Tali combustibili si chiamano fossili proprio perché la benzina che oggi hai usato per andare a scuola potrebbe derivare proprio dal fossile di un dinosauro. Inoltre si dice anche che gas, petrolio e carbone sono **fonti energetiche "non rinnovabili"** perché la formazione di giacimenti di combustibili fossili è durata milioni di anni, mentre noi li stiamo consumando nel giro di pochi secoli. Così velocemente che non diamo il tempo alla natura di compiere il suo corso e di rinnovare i giacimenti svuotati dall'uomo.

Il carbone, che ha dato inizio alla rivoluzione industriale, è stato via via soppiantato dal più versatile petrolio. Pur essendo facile da estrarre e ben distribuito sulla Terra, è più scomodo da trasportare, e nella combustione libera parecchi gas inquinanti. Oggi viene usato quasi prevalentemente per la produzione di elettricità a buon mercato, specie in Cina (dove il consumo di carbone supera quello di Stati Uniti, Europa e Giappone messi insieme) e in altri paesi emergenti, con pesanti ripercussioni sull'ambiente.

A partire dal 1970, il **metano** è stato fortemente rivalutato rispetto a petrolio e carbone perché la sua combustione è meno inquinante. O, meglio, inquina in modo diverso: produce vapore e anidride carbonica (CO_2), un altro gas normalmente presente in natura che dà problemi solo se è troppo abbondante (è tra i responsabili dell'effetto serra). Con i **gas-**

BOVINI DAL FIATO PESANTE

Non è una barzelletta. È bene precisarlo subito, perché qualcuno potrebbe dubitare della serietà dell'esperimento condotto da Patrick Zimmermann nel 1991, uno scienziato del Centro Nazionale per la Ricerca Atmosferica degli Stati Uniti. Analizzando il respiro dei bovini, Zimmermann si accorse che il fiato di questi animali contiene una notevole quantità di metano. Considerando allora che le mucche ruttano in media una volta ogni 40 secondi, si potrebbe concludere che esse producano una porzione significativa del metano mondiale. Basandosi su questi dati, Zimmermann, nonostante lo scherno dei colleghi, produsse il "Burpalyzer", un apparecchio che attaccandosi al collo della mucca, ne analizzava il fiato e misurava il metano liberato nell'atmosfera. Zimmermann sperava di poter raccogliere il gas, ma i macchinari necessari risultarono troppo costosi.

GAS AUTOPRODOTTO

Sebbene il gas naturale faccia parte delle fonti energetiche non rinnovabili, il processo di mineralizzazione che lo riguarda è, per una certa misura, riproducibile dall'uomo. In natura, i materiali organici che hanno esaurito il loro ciclo vitale (foglie, frutti, tronchi, verdure, carcasse di animali morti...) si decompongono, vengono "digeriti" e riassorbiti dal terreno grazie al lavoro di diversi tipi di batteri. Questo processo si chiama biodegradazione e sta alla base del processo di mineralizzazione che porta poi ai combustibili fossili.
Il primo frutto della biodegradazione è proprio una miscela di gas, chiamata biogas, composta in buona parte da metano. Mettendo in un recipiente a tenuta stagna, con poca aria e a temperatura costante, alcuni rifiuti facili da "digerire" (o già in parte digeriti, come gli scarichi di fogna o lo sterco degli allevamenti di bovini e suini) e cospargendoli abbondantemente con i batteri giusti, si riproduce il processo naturale che porta alla formazione del metano. Il tutto in tempi accettabili: da 2-3 settimane a qualche mese. Queste macchine fabbrica-metano si chiamano "digestori" e servono, oltrettutto, per depurare i fanghi delle fognature, evitando l'inquinamento dei fiumi che attraversano le nostre città.

Un impianto di rigassificazione di gas naturale liquefatto (GNL) vicino al porto di Barcellona, Spagna

dotti che corrono nascosti sottoterra o sotto la superficie del mare per migliaia di chilometri, il metano si trasporta con facilità anche a grande distanza (una parte del gas che usiamo in Italia arriva dalla Siberia, dal Nord Africa e dal Medio Oriente) e, se c'è un incidente, acque e terreni costieri non vengono così pesantemente inquinati come accade quando affonda una petroliera: il metano tende a disperdersi subito nell'atmosfera.

Inoltre i giacimenti di gas sono diffusi più uniformemente nel mondo (quelli di petrolio attualmente sfruttati sono più concentrati in determinate aree e soprattutto un terzo delle riserve petrolifere si trova sul fondo degli oceani) e dunque l'approvvigionamento di questo combustibile è più facile.

Secondo gli ultimi dati disponibili, a dicembre 2017 l'85% dell'energia primaria che attualmente consumiamo nel mondo deriva da fonti non rinnovabili, e cioè dal petrolio (31,1%), dal carbone (28,9%, dal gas naturale (21,5%) e dall'energia nucleare (3,9%). Il greggio, in particolare, fornisce il 90% dell'energia usata per i trasporti. D'altronde è il combustibile ideale dal punto di vista della fisica: è liquido, facile da trasportare e sprigiona 10 kWh per ogni chilogrammo. Per avere la stessa energia servirebbero almeno 4 kg di legna o 15 m^2 di pannelli solari che assorbono l'energia di un'intera giornata di sole estivo. Un chilogrammo di benzina ha 100 volte l'energia di un chilogrammo di batterie al litio per telefonini. Inoltre è economico: il costo vivo di produzione (tolte le tasse) è di 50 centesimi o poco più. Ecco perché rinunciare al petrolio è difficilissimo: è troppo comodo e conveniente.

IN LABORATORIO

CARBONE FATTO IN CASA

OBIETTIVO DELL'ESPERIMENTO
Fabbricare in casa un combustibile a base di carbonio.

MATERIALI OCCORRENTI
- Un vecchio e piccolo pentolino di acciaio o alluminio non più utilizzato in cucina
- Zucchero
- Fornellino a gas
- Fiammiferi

PROCEDIMENTO
1. Mettere due cucchiai di zucchero nel pentolino.

2. Poggiare il pentolino sul fornello a gas e riscaldare a fuoco lento arieggiando molto bene l'ambiente, poiché si sviluppa molto fumo.

3. Osservare che lo zucchero prima fonde, diventando un liquido giallo (caramello), poi comincia a carbonizzare producendo una schiuma nera che tende a risalire verso l'orlo del recipiente. A questo punto punto spegnere il fuoco e lasciar raffreddare.

4. Dopo alcuni minuti, raschiare via il contenuto del pentolino con un coltello facendolo cadere su una mattonella o su altro materiale non infiammabile.

5. Accendere un fiammifero e dare fuoco al mucchietto.

RISULTATI
Lo zucchero carbonizzato comincerà a bruciare lentamente, proprio come fanno i ciocchi di carbone, restando acceso per diversi minuti.

RIFLESSIONI
Fare una ricerca sullo zucchero di canna (quello impiegato per usi alimentari) e sulla sua composizione chimica, cercando di capire perché, dopo la prolungata cottura, si trasforma in carbonio.

POTENZA DELL'ACQUA

L'inventore della lampadina, Thomas Alva Edison, aveva un aiutante molto in gamba: Nikola Tesla. Personaggio schivo quanto abile nel risolvere i problemi pratici, Tesla aveva sempre lavorato nell'ombra di Edison...

LA GUERRA DELLE CORRENTI

Stanco di essere sfruttato da Edison (aveva un caratterino...), Tesla si licenziò e si mise in società con George Westinghouse. L'energia elettrica si stava diffondendo rapidamente e c'era il problema di come produrre (e trasportare) elettricità nelle case in modo facile ed economico. Cosicché i due progettarono di costruire una **centrale elettrica** che, sul medesimo principio del mulino ad acqua, sfruttasse la corrente di un fiume impetuoso. Anzi, perché non utilizzare una caduta d'acqua, una cascata? E decisero di costruire un impianto nientemeno che alle cascate del Niagara.

La centrale di Tesla (la prima centrale idroelettrica del mondo) era basata sul principio della **corrente alternata**. Edison sosteneva invece che era meglio la corrente continua (oggi l'unico macchinario che funziona a corrente continua è la sedia elettrica) e cercò di mettere i bastoni tra le ruote al suo ex dipendente. Ma non ci riuscì e Tesla, nel 1891, inaugurò la sua centrale; da allora tutti gli impianti del mondo funzionano a corrente alternata.

NIKOLA TESLA
(1856-1943) Protagonista della cosiddetta "guerra delle correnti" che lo vide contrapposto a Edison.

LA DIGA DELLE TRE GOLE

La sua costruzione sul fiume Yangze (Fiume Azzurro) è iniziata nel 1994 e conclusa nel 2009. È la centrale idroelettrica più grande del mondo: alta 185 m e lunga 2,3 km, produce all'anno elettricità equivalente a 10 centrali nucleari. Per la sua costruzione, 1,3 milioni di persone sono state sfollate dalle loro abitazioni.

MONTAGNA DI ENERGIA

Come il vento, anche l'acqua corrente dei fiumi fu spesso usata dagli antichi per risparmiare energia muscolare nel compiere un lavoro. Mulini ad acqua vennero costruiti sia in Cina che nel Mediterraneo, per macinare il grano, triturare le spezie, produrre l'olio, sollevare pietre, convogliare acqua nei canali, muovere seghe circolari per tagliare il legname... Durante il Medioevo e il Rinascimento, gli ingranaggi dei mulini ad acqua vennero via via perfezionati e l'energia derivante dalla corrente dei torrenti divenne il "motore" di numerose attività produttive. Con l'avvento dell'energia elettrica fu dunque facile sfruttare questi macchinari per la produzione di elettricità.

In Italia, le **prime centrali idroelettriche** risalgono al 1889 e 1891, rispettivamente presso Genova (Isoverde) e Roma (Acquoria, a Tivoli). Essendo un paese povero di risorse naturali, l'acqua è stata per noi la principale fonte di energia, determinante sia per il progresso industriale sia per il miglioramento della qualità della vita. Nel 1963, ad esempio, copriva il 65% della domanda nazionale di elettricità.

Ogni anno il 40% della produzione di energia elettrica arriva dal carbone, il 21% dal gas, il 14% dal nucleare; il restan-

CHE COS'È L'ENERGIA IDROELETTRICA?

È l'energia che si ottiene da una massa d'acqua, ad esempio una cascata, convertendo l'energia cinetica offerta dal salto d'acqua in elettricità. Un lago di montagna, un fiume o un torrente impetuoso sono il serbatoio di energia di una centrale idroelettrica. Spesso però si costruiscono dighe e bacini artificiali perché la maggior parte dei corsi d'acqua non ha una portata sufficiente a far funzionare una centrale idroelettrica.
L'acqua è una fonte perfettamente rinnovabile che ci "regala" energia pulita che non inquina l'ambiente.

Il mini-idro è la versione "high-tech" del vecchio mulino: utilizza direttamente la corrente del corso d'acqua, integrandosi perfettamente nell'ecosistema naturale.

te 25% deriva da fonti rinnovabili, e l'idroelettrico fa la parte del leone: 16,6%.

In Italia, l'energia idroelettrica copre oggi circa il 15% della domanda nazionale di elettricità, e siamo all'unidicesimo posto, nel mondo, per capacità produttiva. Tra Alpi e Appennini, esistono 548 dighe idroelettriche: 247 al Nord, 148 nel Centro, 51 al Sud e 102 sulle isole. Abbiamo sfruttato il territorio al massimo delle sue potenzialità.

IL MINI-IDRO

La nuova frontiera è il mini-idroelettrico, centrali di piccola taglia, che non superano la potenza di 10 MW. La tecnologia oggi ci permette turbine leggere, facili da installare, capaci di intercettare con alta efficienza il movimento d'acqua tipico di un torrente. Esistono impianti adatti a singole cascine, attività rurali, agriturismi, borghi di campagna isolati...

Uno dei principali vantaggi del mini-idro è l'intrinseca **attenzione al territorio**: sono impianti che non modificano l'ambiente in cui sono costruiti e "costringono" (per il buon funzionamento dell'impianto stesso) a gestire meglio l'alveo del torrente. Inoltre non sottraggono acqua ad altri usi. Gli impianti "mini-idro", pur essendo di limitata potenza unitaria, possono diventare complessivamente molto numerosi, e quindi apportare un contributo importante, anche se non risolutivo, alla domanda elettrica di una vallata. Inoltre sono **impianti "a chilometro zero"**: l'energia che producono viene

La centrale geotermoelettrica di Larderello, in Toscana

consumata sul posto e non c'è bisogno di cavi e tralicci per trasportarla altrove, evitando inquinamento del paesaggio e dispersioni di energia. Nel mondo solo il 2% dell'energia prodotta dall'idroelettrico viene da impianti di piccola taglia, quindi esistono considerevoli margini di crescita.

GEOTERMIA

Anche il calore proveniente dal cuore della Terra, la geotermia, è una fonte di **energia rinnovabile**. Lo sfruttamento del calore che proviene dal sottosuolo è ovviamente limitato a pochissime aree. È certo che tutte le popolazioni che, in un modo o nell'altro, si sono trovate vicino a sorgenti d'acqua calda abbiano tentato di sfruttare questo vantaggio (se non altro per fare il bagno, come dimostrano le numerose terme costruite dai Romani). Nel XV secolo, un viaggiatore fiorentino, **Niccolò Zeno**, di ritorno da un viaggio in Groenlandia, descrive alcune colonie di eschimesi che usavano l'acqua calda per mitigare il gelo in rudimentali serre dove coltivavano alberi da frutto.

Oggigiorno le **centrali geotermiche** contribuiscono solo allo 0,3% della produzione di energia elettrica mondiale.

In Italia, nella zona di Larderello (in provincia di Pisa) sono in funzione parecchi pozzi per la captazione dei vapori (200-300 °C, tra i 500 e i 1200 metri di profondità) che, convogliati in una centrale termica, producono ogni anno circa 4,8 miliardi di kWh, più o meno il 10% dell'energia geotermica

FRANÇOIS DE LARDEREL

Il primo che si interessò in modo scientifico e approfondito di geotermia fu il francese François de Larderel intorno al 1818: viaggiando tra le colline della cosidetta "Valle del Diavolo" nell'attuale provincia di Pisa, rimase così affascinato dal paesaggio offerto dai soffioni boraciferi che decise di promuoverne lo sviluppo industriale. Ma le idee di Larderel per lo sfruttamento di quelle sorgenti calde rimasero sulla carta fino al 1903: in quell'anno il principe Piero Ginori Conti fece costruire i primi impianti sperimentali per la trasformazione dell'energia geotermica in energia elettrica. Ci riuscì, anche se l'elettricità prodotta bastava a malapena per quattro lampadine. Così a Larderello (paesino che prende proprio il nome di Larderel), dal 1905 è attiva la prima centrale geotermica della storia.

GEYSER
La parola geyser viene dall'islandese e significa "balzare su" ed è il nome di questo fenomeno. I getti d'acqua calda, mista a vapore, possono raggiungere alcune decine di metri in altezza.

mondiale. Un primato tutto italiano; nonché la dimostrazione che il sistema funziona. Oggi in Toscana la geotermia copre il 23% del fabbisogno elettrico regionale.

Nel mondo, altri impianti per lo sfruttamento dell'energia geotermica sono attivi in Nuova Zelanda, Islanda, Russia, Turchia, Messico, Giappone e Stati Uniti.

... DI SUPERFICIE

Negli ultimi 10-15 anni si è sviluppata la **geotermia di superficie** che sfrutta il calore del pianeta, sapendo che man mano che si scende sottoterra, la temperatura media delle rocce aumenta progressivamente con la profondità: circa 3 °C ogni 100 metri (pari a 30 °C ogni chilometro). Tutto si basa sulla differenza di calore tra sopra e sotto. Se in una città del nord Italia, d'inverno, la temperatura media al suolo è prossima ai 2-3 °C, a 100-120 metri di profondità è facile trovare una temperatura del terreno di 13-14 °C. Dunque con una sonda e una pompa di calore si può inviare sottoterra un liquido (o dell'aria) che raggiunge il sottosuolo, si scalda fino a raggiungere i 13-14 °C e torna in superficie pronto a entrare nel circuito del riscaldamento. In questo modo la caldaia consuma meno energia per scaldare l'acqua dei termosifoni perché la riceve già tiepida!

La geotermia di superficie (detta anche a bassa temperatura o a bassa entalpia) può essere praticata ovunque, specie in **Italia**, che ha un sottosuolo favorevole. In almeno un quarto del nostro territorio bastano anche 8-10 metri per

LA RICCHEZZA DELL'ISLANDA...

... si chiama geotermia! L'Islanda è il primo paese nella produzione e nell'utilizzo di energia geotermica: assicura l'85% del fabbisogno di energia e il 30% di quello della sola elettricità. Con i vapori caldi del sottosuolo vengono riscaldati marciapiedi, l'85% delle case, piscine, campi di calcio e serre dove si possono coltivare anche piante tropicali, come il banano.

trovare quel **"salto termico"** minimo necessario a innescare il circuito discesa-salita-discesa di aria o acqua. Grazie alle recenti tecnologie, sempre più efficienti e meno costose, la geotermia di superficie è oggi una concreta e valida opportunità per avere energia rinnovabile, a basso costo e amica dell'ambiente.

... DI PROFONDITÀ

La **geotermia di profondità** sfrutta il calore del sottosuolo a grandi profondità. Si calcola che l'energia termica contenuta entro i primi 5 chilometri della crosta terrestre sia equivalente a circa 500 mila volte gli attuali fabbisogni mondiali. Energia gratuita e praticamente inesauribile, ma di difficile accesso in quanto è possibile sfruttarla (in precisi punti della crosta terrestre) solamente quando il calore interno della Terra risale con le masse magmatiche fluide e si "avvicina" alla superficie, a 3-4 chilometri di profondità. Si possono così incontrare temperature di 300 °C, che altrimenti dovremmo cercare a 7-8 chilometri di profondità. A contatto con il calore delle rocce, l'acqua di falda si riscalda e forma **serbatoi geotermici** formati da uno spesso strato di rocce impermeabili.

Per ottenere energia si sfruttano aperture naturali ("fratture") o si scavano pozzi fino ad arrivare a una falda acquifera. L'acqua compressa della falda risale e a contatto con l'aria fredda si trasforma in vapore che muove una turbina elettrica della centrale geotermica costruita nelle vicinanze!

RUOTA IDRAULICA

OBIETTIVO DELL'ESPERIMENTO

Osservare come l'acqua agisce su una ruota posta lungo un corso d'acqua.

MATERIALI OCCORRENTI

- due dischi di legno compensato
- due bastoncini di legno
- due elastici
- due rami biforcati
- seghetto

PROCEDIMENTO

1. Prendere i due dischi di legno: con il seghetto fare un taglio in ciascuno dei due dischi, lungo quanto la metà del diametro.

2. Incastrare i due dischi uno dentro l'altro.

3. Sistemare i bastoncini uno a fianco all'altro, fissandoli alle due estremità con gli elastici. Far scivolare incastrando le pale della ruota tra i due bastoncini.

4. Mettere sulla riva di un corso d'acqua i due rami biforcati e sistemare in mezzo le pale con i bastoncini.

RISULTATI

La corrente farà girare le pale della ruota in modo costante.

RIFLESSIONI

Per secoli i mulini ad acqua sono stati usati per eseguire del lavoro, grazie a ingranaggi che permettono di trasformare la direzione del movimento: essi trasformano il movimento su e giù della ruota idraulica in un movimento rotatorio, necessario a far muovere, ad esempio, le macine per ridurre il frumento in farina.

VENTI

E MAREE

In passato il vento è sempre stato sfruttato per alleviare la fatica dell'uomo o degli animali. L'energia eolica (un nome che richiama il dio greco Eolo, il signore dei venti) catturata dalle pale dei mulini è servita in Mesopotamia, già nel 1600 a.C., a irrigare campi e giardini.

ENERGIA EOLICA

Nell'antica Grecia, l'energia del vento venne impiegata per macinare le olive e produrre l'olio, nell'Olanda medievale per prosciugare i terreni invasi dal mare, negli Stati Uniti per pompare acqua da pozzi molto profondi. Solo un secolo fa si è pensato di ricavare elettricità dal vento: i **primi aerogeratori** risalgono al 1904-1905 e vennero costruiti nelle vaste praterie americane, per dare energia elettrica ai *ranch* più sperduti. Nel periodo tra le due guerre mondiali la tecnologia si affinò notevolmente e, sempre negli Usa, furono costruiti parecchi impianti di piccole dimensioni (40-80 kW), ma già capaci di dare elettricità a un palazzo con una cinquantina di alloggi. Sempre negli Usa fu costruito l'aerogeneratore di *Grandpa's Knob*, il più potente dell'epoca, sufficiente per un paese di 700-800 abitanti.

In Europa, la nazione che per prima ha creduto nell'energia eolica è stata la **Danimarca**: già nel 1950 con generatori di media potenza era riuscita a soddisfare oltre il 30% del fabbisogno nazionale di energia elettrica. E poi? Poi venne l'era del petrolio facile e dei combustibili fossili a prezzi stracciati

Il vento in una rappresentazione mitologica

"WIND FARM"

Quando gli aerogeneratori sono concentrati in gran numero formano le cosiddette "fattorie del vento" (o "wind farm" in inglese), molto diffuse in California. Questa "wind farm", infatti, si trova a Altamont Pass, in California, ed è una delle più vecchie e grandi del mondo con i suoi quasi 5000 aerogeneratori.

che, a partire dagli anni Quaranta, promettevano energia illimitata per tutti i gusti. Così buona parte di tali impianti, nonostante il buon rendimento, venne abbandonata.

Di energia eolica si tornò a parlare nel 1975, con le prime crisi petrolifere.

FATTORIE DEL VENTO

L'energia eolica è immediatamente trasformabile in energia elettrica: basta collegare alle **pale del rotore** un alternatore, proprio come per la dinamo della bicicletta. L'energia solare invece ha bisogno di lunghi procedimenti intermedi. L'insieme di traliccio, sistema di pale (due o tre, a volte anche una sola) e meccanismi della dinamo si chiama aerogeneratore. Quando sono concentrate in gran numero, le turbine a vento formano le cosiddette "fattorie del vento", diffuse soprattutto in California.

Gli **svantaggi** dell'energia eolica sono due: l'irregolarità e l'incostanza del vento e la bassa concentrazione degli impianti. Vale a dire che un singolo aerogeneratore (anche quello più imponente) produce poca energia rispetto al suo ingombro e occorre un parco eolico con moltissimi piloni per produrre le quantità di energia ottenibili da una centrale termica.

COME SONO FATTI GLI AEROGENERATORI?

Gli aerogeneratori hanno pali in acciaio alti fino a 80 m di altezza, che sono fissati a dei basamenti di cemento a loro volta ancorati a fondamenta per poter resistere alla forza dei venti. Un generatore eolico di taglia media ha di solito 3 grandi pale che possono misurare dai 30 ai 60 m: sono fatte di poliestere e di fibre in vetro e carbonio. Alla sommità di questa struttura c'è una specie di cabina detta "navicella" al cui interno si trovano le apparecchiature (moltiplicatore di giri, generatore elettrico, albero veloce) che trasformano l'energia meccanica in energia elettrica, e i dispositivi che controllano il funzionamento dell'aerogeneratore.

Nel parco eolico offshore di Burbo Bank, nel mare di Liverpool, in Inghilterra, è stata installata la turbina eolica più grande del mondo: un aerogeneratore di 195 m, capace di generare 8MW.

Gli impianti sono un po' rumorosi, ma se costruiti a norma di legge non disturbano gli insediamenti umani. Infatti, prima di realizzare un impianto, è prevista per legge l'effettuazione di rilevamenti fonometrici che verificano l'emissione di rumori e il rispetto delle norme sull'impatto acustico.

In paesi densamente abitati, come l'Italia, la collocazione delle "fattorie del vento" non è sempre facile. Una volta individuato un posto adatto (un crinale ventoso, lontano da centri abitati e "neutro" dal punto di vista paesaggistico), si progetta il parco eolico che di solito ha un minimo di 5-6 aerogeneratori, spesso anche 20 o 30, di altezza o potenza differente. L'asse di rotazione delle pale di questi grandi impianti è sempre orizzontale, con le pale perpendicolari al terreno.

OFF SHORE

Grazie ai progressi della ricerca, dagli anni Novanta è stato sempre più facile installare piloni in mare, in prossimità della costa come al largo. Sono chiamati **"impianti off shore"**: sono vantaggiosi perché in mare il vento soffia più forte e costantemente e si evita il problema del "disturbo" al paesaggio. Sorgerà in Inghilterra il parco eolico più grande del mondo: con 174 turbine per una superficie di 410 km^2, verrà completato nel 2020 al largo delle coste dello Yorkshire.

È ancora l'Inghilterra il paese con più impianti off shore, seguita dalla Danimarca. In generale, il Nord Europa con i suoi venti sostenuti a largo delle coste è la zona dove si concentrano più progetti per nuovi impianti off shore.

PALE EOLICHE: UN PERICOLO PER GLI UCCELLI MIGRATORI?

Spesso si crede che la costruzione di un nuovo parco eolico sia un pericolo per gli uccelli migratori: molti perderebbero la vita contro le pale e la loro rotta stagionale sarebbe interrotta. In realtà non esistono dati scientifici sull'aumento di mortalità degli uccelli migratori in relazione all'aumento delle "fattorie del vento". Esistono invece osservazioni (condotte anche in collaborazione con associazioni ambientaliste) che notano come le specie che percorrono i cieli d'Europa due volte l'anno non abbiano alcun problema: gli uccelli infatti volano a un'altezza non raggiungibile dalle centrali a energia eolica. Le attenzioni nel localizzare nuove aeree di edificazione di impianti eolici vanno piuttosto indirizzate alla tutela dei luoghi di nidificazione delle specie stanziali.

IMPARIAMO DALLA NATURA

Per ricavare energia dal vento gli uccelli possono esserci molti utili. Infatti le grandi pale poste in cima ai piloni per l'energia eolica devono avere un profilo accuratamente disegnato per adattarsi nel modo migliore alla forza del vento. L'Istituto di bionica di Berlino ha studiato un particolare tipo di mulino a vento in cui le pale, sagomate sul modello delle penne remiganti dei rapaci, non girano ma, stando ferme, convogliano l'aria sulle pale di una piccola turbina che in questo modo ruota sempre a una buona velocità, anche se il vento è debole. In zone in cui invece le correnti d'aria sono più costanti, sia per intensità che per direzione, il profilo ideale delle pale ci è suggerito dall'acero campestre. Questa pianta ha escogitato un sistema assai efficace per distribuire i suoi semi: ogni seme ha un'aletta attaccata su un lato. Staccandosi dall'albero, questo seme volteggia in rotazione su se stesso e rallenta la sua discesa. A questo punto basta un minimo refolo d'aria per spingerlo anche a parecchie centinaia di metri lontano dal suo "albero-papà". Agli ingegneri è bastato imitare l'ala del seme e raddoppiarla per avere un meccanismo equilibrato e, infine, calcolare le nuove dimensioni dell'elica in base all'altezza del pilone.

IL VENTO IN NUMERI

L'eolico è la fonte rinnovabile in maggiore espansione a livello internazionale: + 24% di nuove turbine nel 2010, con sempre nuovi Paesi che scelgono di investire, come la Cina che nello stesso anno ha aumentato del 73% la sua capacità di ricavare energia dal vento. In Europa, il 19% della nuova **"elettricità verde"** arriva dall'eolico e sono Spagna e Germania a guidare la classifica di questo incremento. La Danimarca è la nazione che storicamente ha la maggior densità di eolico rispetto al territorio e si è impegnata a ricavare dal vento entro il 2020 il 50% della fornitura elettrica nazionale.

L'Italia è cresciuta bene: nel decennio 2000-2009 ha aumentato i suoi impianti eolici di circa il 30% ogni anno e nel 2010 ha prodotto 9,126 GW, il 39% in più dell'anno precedente. Nei primi mesi del 2017 in Italia la produzione di elettricità con il vento ha stabilito un record: 15,2% del fabbisogno nazionale.

Il parco eolico più potente d'Italia è stato inaugurato nell'ottobre 2011 tra Ala dei Sardi e Buddusò, vicino a Olbia: 69 turbine che danno elettricità a 110 mila famiglie (138 MW di potenza installata per un'emissione annua stimata di 330 GWh). Questo fa risparmiare 180 mila tonnellate di CO_2.

MINI-EOLICO

Fino a pochi anni fa l'energia eolica era preclusa alle singole famiglie. Oggi, invece, sono disponibili nuove soluzioni di impianti eolici di piccola taglia (**micro-eolico** o mini-wind), capaci di soddisfare il fabbisogno di energia domestica di una famiglia, una piccola attività artigianale o rurale, un agriturismo, un campeggio... Essi contribuiscono significativamente alla riduzione delle emissioni di gas serra e, nel contempo, si ottengono reali benefici economici grazie agli incentivi statali o regionali che rendono appetitosa questa scelta.

Gli impianti mini-eolici possono essere classificati in base all'orientamento dell'asse di rotazione delle pale: esistono macchine ad asse orizzontale (le più diffuse, dalle caratteristiche analoghe a quelle degli aerogeneratori di grande taglia) e macchine ad asse verticale. Quest'ultimi sono prodotti particolarmente adatti per installazioni in città, grazic al ridotto impatto visivo e all'assenza di inquinamento acustico; inoltre non patiscono il ghiaccio o la ventosità intensa e irregolare. Di solito si collegano alla rete elettrica nazionale, dove riversano l'elettricità prodotta e non consumata dal proprietario dell'impianto.

QUANTO COSTA UN AEROGENERATORE?

Un impianto diventa sostenibile se può lavorare a pieno regime almeno 1500 ore l'anno.
Una fattoria del vento costa quanto realizzare una centrale a gas naturale (la meno costosa fra le centrali termoelettriche) e ha una vita media di 20 anni per gli impianti di terra, 25 per quelli in mare. Senza calcolare gli incentivi che in varia misura possono esser offerti a chi costruisce un pilone eolico, dopo i primi 8-10 anni di esercizio l'impianto ha recuperato l'investimento iniziale e diventa redditizio, oltre a fornire energia elettrica pulitissima.
L'energia prodotta da una turbina è in media 80 volte superiore a quella necessaria alla sua costruzione, manutenzione, esercizio, smantellamento. A una turbina bastano tre mesi di piena attività per recuperare tutta l'energia spesa per costruirla.

POTENZA DELLE ONDE

È TUTTA COLPA DELLA LUNA!

Il fenomeno di marea è legato alla somma di due forze che contemporaneamente agiscono sulle masse d'acqua: da un lato, la forza di attrazione gravitazionale esercitata dalla Luna (molto vicina a noi e quindi dagli effetti "visibili" nel caso del mare) e in minor misura da quella del Sole; dall'altro, la rotazione della Terra su se stessa, che provoca una forza centrifuga non indifferente su grandi laghi, mari e oceani. Il risultato è l'innalzamento dell'acqua che avviene due volte al giorno, creando l'alternarsi dell'onda di marea: due volte "in salita" e due volte in "discesa". L'intervallo fra due basse (o due alte) maree è mediamente di 12 ore e 25 minuti; esistono dunque delle tabelle che indicano, giorno per giorno, a che ora l'acqua si metterà in movimento, in un senso o nel verso opposto. Le maree potrebbero fornire un'energia cinetica incredibile e diffusa praticamente ovunque nel mondo, che aspetta solo di essere sfruttata con le opportune tecnologie.

Ti sei mai chiesto quante tonnellate d'acqua contiene un'onda? Gli oceani, che coprono il 70% della superficie terrestre, sono un immenso serbatoio di energia da sfruttare.

La Luna esercita una forte attrazione gravitazionale sulle masse d'acqua della Terra, che si manifesta nei movimenti regolari delle maree: il livello del mare sale e scende di poche spanne o parecchi metri. Molto noto è il caso di Saint Malo, in Francia, dove l'ampiezza delle maree è di circa 12-13 metri. Tuttavia, anche con maree di 3-4 metri di ampiezza diventa oggi economicamente interessante creare una **centrale mareomotrice**, che funziona in modo simile a una centrale idroelettrica. Quando la marea sale, l'acqua passa attraverso delle **turbine** e si accumula in un bacino scavato nella costa, come fosse un golfo artificiale. Quando la marea scende, l'acqua defluisce dal bacino e aziona nuovamente le turbine che ruotano in senso contrario. La produzione di elettricità può risentire di momenti "morti" (ogni giorno fra due alte maree e due basse maree ci sono ore in cui il fluire delle acque è debole), ma il totale giornaliero immesso nella rete elettrica è costante 365 giorni l'anno, senza dipendere dalle condizioni meteorologiche o stagionali.

Lo stretto di Messina, zona conosciuta fin dall'antichità per le intense correnti marine

LE CORRENTI

Il mare è costantemente rimescolato da correnti stabili e regolari, specialmente intorno a promotori, negli stretti, nei canali e laddove la costa presenta profonde insenature (come nei fiordi della Scandinavia).

Superficiali o più di profondità, le correnti marine sono dei veri e propri "fiumi" impetuosi; a volte scorrono sempre nella stessa direzione, a volte invertono il senso di marcia, come accade con le maree. Senza costruire dighe o bacini artificiali (che hanno un notevole impatto sull'ambiente), in questo caso si prende a prestito la tecnologia delle pale eoliche, che vengono montate sui fondali, ancorate o zavorrate, per farle rimanere in posizione alla profondità opportuna. Il profilo dell'ala verrà studiato per adattarsi al meglio a quella corrente, l'asse di rotazione potrà esser orizzontale o verticale, ma il principio con cui si produce elettricità è il medesimo: proprio come il vento (che è un fluido, al pari dell'acqua), la corrente marina innesca il moto rotatorio delle pale collegate a un generatore di elettricità.

L'**Unione Europea** ha di recente concluso uno studio che identifica circa 100 siti possibili per la produzione di energia elettrica dalle correnti marine. In Italia è stato individuato lo **stretto di Messina**: dalle sue correnti si potrebbe produrre energia elettrica equivalente al fabbisogno di una città di due milioni di abitanti.

ENERGIA DEL MARE... IN NUMERI!

L'energia ricavabile dal mare attraverso maree, correnti marine e onde ha una potenzialità doppia rispetto a tutta l'energia nucleare prodotta oggigiorno nel mondo. Solo in Europa, si stima si possano produrre almeno 75-80 milioni di kWh entro il 2020 e con le tecnologie attuali che hanno sempre margini di miglioramento. Inoltre, alcuni studi prevedono che entro il 2050 l'energia del mare potrebbe fornire fino al 15% dell'energia necessaria a coprire il fabbisogno elettrico di tutta l'Europa.

Dispositivo galleggiante per ricavare energia dalle onde

BOE ELETTRICHE

ACCHIAPPA LE ONDE CON IL... SIFONE!

Nei primi anni Ottanta, in Norvegia, è stato escogitato un nuovo metodo per ricavare energia dalle onde. Anziché collegare un alternatore direttamente alle boe mosse dal mare, l'impeto delle onde spinge l'acqua in una specie di enorme sifone (come quello dei lavandini). Sopra il sifone c'è una colonna d'aria racchiusa in un camino perfettamente sigillato. In alto, sull'unica "via d'uscita" è montata una turbina. Le onde schiacciano così l'aria dentro il camino, costringendola a incanalarsi attraverso la turbina. Quando l'onda si ritrae succede il contrario: l'effetto risucchio muove le pale della turbina in senso inverso e la produzione di energia elettrica avviene a ciclo continuo.

L'energia delle onde si può anche acchiappare in mare aperto. Qui la fantasia degli ingegneri si è sbizzarrita. Come nel caso delle **boe galleggianti** che, custodendo al loro interno una sorta di pistone, intercettano il moto verticale (su-giù-su-giù) di una colonna d'acqua creato dal propagarsi dell'onda. Le boe assomigliano a dei siluri, cavi all'interno: nella parte sommersa, delle feritoie permettono all'acqua mossa dall'onda di entrare all'interno della boa, sollevando così un pistone idraulico, che discende per gravità non appena l'acqua esce. Il passaggio di ogni onda crea un ciclo (compressione-decompressione) dove l'**energia cinetica** viene trasformata in elettricità tramite piccole turbine o motori idraulici accoppiati a generatori. Queste boe sono già efficienti con onde alte un metro, ma si possono anche dimensionare sulle onde oceaniche che oscillano di 3-4 metri. Vengono sistemate in grappoli, collegate da cavi elettrici che convogliano l'energia in un unico cavo sottomarino, indirizzato alla costa.

In Italia, lungo la costa occidentale della Sardegna (vicino ad Alghero) e anche a Pantelleria è in fase di sperimentazione un **dispositivo galleggiante** che sfrutta questo tipo di energia. Questo impianto è tarato proprio per il Mar Mediterraneo (un mare chiuso), la cui caratteristica principale non è l'altezza dell'onda (negli oceani le onde sono molto alte e potenti), bensì la sua frequenza.

LAMPADA A VENTO

OBIETTIVO DELL'ESPERIMENTO

Realizzare un rudimentale generatore eolico che effettua una trasformazione diretta da energia di movimento, prodotta dal vento, a energia elettrica.

MATERIALI OCCORRENTI

- Un motorino elettrico di un'automobilina "Mini 4 wd" o uno simile tratto da un vecchio giocattolo.
- Coppette di plastica per ovetti di cioccolato
- Un listello di legno di balsa lungo circa 12 cm o qualcosa di equivalente tratto da un gioco di costruzioni.
- Colla vinilica

PROCEDIMENTO

1. Per mezzo di un ago, praticare un foro sottile nel centro esatto del listello di balsa.

2. Alle estremità del listello incollare con la colla vinilica due coppette di plastica con le concavità contrapposte, in modo da realizzare le pale di un rotore a vento.

3. Incastrare l'albero del motorino nel foro al centro del listello, bloccandolo con una goccia di vinavil (attenzione a non fare scolare la colla lungo l'albero del motorino).

4. Ai due terminali del motorino, dove solitamente si attaccano i due fili di alimentazione provenienti dalle pile, attaccare i due puntali di un misuratore di tensione elettrica (voltmetro).

5. In una giornata di vento teso, portare il generatore all'esterno e analizzare il comportamento del voltmetro.

RISULTATI

Si potrà constatare che, a seconda della velocità di rotazione delle pale, il voltmetro segnerà una tensione più o meno elevata.

RIFLESSIONI

Se il generatore è realizzato molto bene, invece di convogliare l'energia elettrica al voltmetro, si potrà addirittura accendere un led.

L'ENERGIA DEL SOLE

Pensa quant'è potente il Sole: in un quarto d'ora, con i suoi raggi, ci manda più energia di quanta ne consumano in un anno intero tutti gli uomini nel mondo. Dopo un viaggio di 8 minuti, l'energia solare arriva sulla Terra diventando uno degli ingredienti base della vita.

NATI DA UNA STELLA

Se l'acqua è la culla della vita, (i primissimi organismi viventi hanno avuto origine in mare), è la luce del Sole che ha reso possibile lo sviluppo e l'evoluzione di piante e animali.

E la Terra è l'unico pianeta abitato del Sistema Solare proprio perché si trova alla giusta distanza dalla sua stella. Su Mercurio, per esempio, i raggi del Sole sono troppo caldi e ogni forma di vita finirebbe arrostita; mentre Saturno è così distante da non riuscire a ricevere sufficiente calore.

Il Sole, come tutte le stelle, è una gigantesca **sfera di gas** incandescenti, fatta per 3/4 di idrogeno e 1/4 di elio. Il Sole è un po' come un gigantesco reattore nucleare: gli atomi di idrogeno, muovendosi e scontrandosi in continuazione a causa delle elevate temperature, si uniscono per formare un atomo più grosso; in questa reazione detta **fusione nucleare** viene liberata un'immensa quantità di energia.

IL SOLE È DEMOCRATICO

Splende comunque e dovunque. E regala il suo calore a tutti. A qualsiasi nazione, indipendentemente dalla ricchezza mineraria o dal suo status politico. L'energia solare termica è la fonte rinnovabile più "democratica" e facile da usare che abbiamo oggi. E può risolvere una larga fetta dei problemi di energia dei Paesi più poveri, anche perché gli impianti che servono per il solare termico sono a tecnologia "free": una cassa metallica internamente dipinta di nero, dei tubi, una lastra di vetro... bastano pochi elementi per sfruttare il potere energetico dei raggi solari. Inoltre, i paesi più poveri non devono dipendere da particolari brevetti o acquistare tecnologia in Occidente, ed è perfino facile "autocostruirsi" un collettore solare su misura.

Dal Sole, situato a 150 milioni di chilometri dalla Terra, arriva tutta l'energia di cui uomini, piante e animali hanno bisogno per vivere. Anche la benzina delle auto è merito del Sole perché si ricava dal petrolio, e i giacimenti petroliferi non sono altro che i residui delle foreste di milioni di anni fa. E chi ha permesso la crescita di quegli alberi e fornito l'energia ai batteri affinché disgregassero il legno per trasformarlo in petrolio? Il Sole. Gira e rigira, tutto è riconducibile a quell'energia che ogni giorno, da milioni e milioni di anni, arriva sulla Terra. E, siccome pure la bistecca e il minestrone contengono energia solare, anche noi, in un certo senso, siamo "figli" del Sole.

Inoltre il Sole dà vita al ciclo dell'acqua, fonte di energia idroelettrica, e ai venti, portatori di energia eolica... In definitiva, sono solo due le forme di energia che non sono riconducibili al Sole: la geotermia, che dipende dal calore interno della Terra e l'energia nucleare, che dipende dall'uranio.

Facendo un calcolo approssimativo, per produrre la stessa quantità di energia che il Sole ogni giorno manda sulla Terra, ci vorrebbero ben 173 milioni di grandi centrali termoelettriche. Eppure, la maggior parte di questa energia non è direttamente utilizzabile dall'uomo: circa il 30% viene riflessa dall'atmosfera e si disperde nello spazio, quasi la metà (il 47%) viene assorbita dall'atmosfera e dà origine agli eventi meteorologici, il 22% alimenta il ciclo dell'acqua. La fotosintesi dei vegetali assorbe appena lo 0,02% dell'energia solare e in questa minima parte sono comprese anche tutte le coltivazioni dell'uomo.

I pannelli solari sono montati sui tetti delle case e forniscono acqua calda. All'equatore sono orientati dritti verso il cielo, mentre nel nostro emisfero sono orientati a sud per raccogliere il massimo di energia solare.

SOLARE TERMICO

Il modo più semplice per "imprigionare" e sfruttare il calore della nostra stella sono i **pannelli solari termici** (chiamati anche **collettori solari**) per la produzione di acqua calda. Si utilizzano principalmente per scaldare l'acqua del bagno e della cucina, ma oggi sono anche molto utilizzati come integrazione all'impianto di riscaldamento.

La produzione di acqua calda tramite l'energia solare sfrutta i principi basilari della **termodinamica**: per vicinanza il calore passa da un corpo "caldo" (il raggio solare che colpisce un oggetto) a uno "freddo" (l'acqua o il fluido che scorre all'interno di un pannello). I collettori solari, di solito montati sui tetti delle case, custodiscono una **serpentina** in cui scorre una miscela di acqua e glicole, studiata appositamente per catturare il calore che verrà poi ceduto all'acqua usata nell'abitazione.

In 12 ore, un metro quadrato di collettore solare può scaldare una quantità di acqua fra i 40 e i 300 litri a 45-60 °C. La forbice dipende ovviamente dalle condizioni climatiche e dalla latitudine. I serbatoi sono normalmente dimensionati sul fabbisogno giornaliero d'acqua calda di una famiglia (250-300 litri) e consentono di soddisfare fino al 70% delle necessità di un appartamento. Si può anche avere acqua calda per integrare il **riscaldamento della casa**, risparmiando così energia (fino al 60-70% in meno) per portarla alla temperatura prevista prima di inviarla nei termosifoni.

15 ANNI DI DOCCE GRATIS

Appena 3-4000 euro! È il costo che deve affrontare una famiglia di 4 persone del Nord Italia che utilizza circa 100 litri di acqua calda a persona al giorno (per il bagno, ma soprattutto per il riscaldamento), qualora volesse comprare un impianto solare termico.
A seconda degli incentivi statali e regionali in vigore, questa spesa viene ammortizzata in 3-5 anni. Tenendo conto che un impianto ha una vita media di 20-25 anni, per almeno 15 anni le docce sono gratis e la bolletta del riscaldamento invernale cala sensibilmente.

John Herschel (nella foto) perfezionò il sistema ideato da Horace-Bénédict de Saussure, inventando di fatto la tecnica di cottura chiamata oggi "solar cooking".

I PRIMI PANELLI SOLARI

Il primo pannello solare per scaldare l'acqua è stato costruito dallo svizzero **Horace Bénédict de Saussure** nel 1767. Si trattava di una semplice scatola di legno con tre vetri sulla parte superiore (quella esposta al sole) e la base dipinta di nero per "assorbire" meglio i raggi del Sole. In quella scatola, la temperatura dell'acqua superava facilmente gli 80 °C, arrivando al record di 109 °C. L'astronomo **John Herschel** utilizzò un sistema simile per cucinare il cibo durante una spedizione nell'Africa Meridionale intorno al 1830.

Fu l'americano **Clarence Kemp** nel 1891 a brevettare il primo sistema commerciale per la produzione di acqua calda per uso domestico: la sua invenzione ebbe un tale successo che nel 1897 un terzo delle case di Pasadena, in California, erano dotate di dispositivi solari per il riscaldamento dell'acqua.

Pochi anni dopo, intorno al 1920, prese piede in Florida e California (due regioni molto soleggiate) un sistema chiamato "day and night water heater", che forniva acqua calda durante tutto il giorno. Tre lustri più tardi, fu costruito il primo edificio che utilizzava una serie di pannelli solari per il riscaldamento, segnando la diffusione su larga scala di questi dispositivi.

ARCHIMEDE E GLI SPECCHI USTORI

Fin dall'antichità l'uomo ha tentato di sfruttare direttamente i raggi del Sole. Circa nel 240 a.C., a Siracusa, il matematico Archimede costruì degli specchi capaci di incendiare a distanza le navi romane che volevano conquistare la colonia greca. Gli specchi ustori di Archimede erano concavi in modo da catturare in un unico punto (detto fuoco) molti raggi del Sole (questi, vista la distanza del Sole, giungono sulla Terra pressoché paralleli) che, sommati uno all'altro, formavano un raggio unico talmente potente da poter incendiare le navi nemiche.
In realtà, non siamo sicuri che le cose siano andate veramente così. Gli archeologi, che hanno provato a ripetere l'esperimento costruendo gli specchi con la tecnologia disponibile 2000 anni fa, non hanno ottenuto gli stessi risultati.

IN EUROPA

Nonostante la Germania sia un paese piuttosto freddo, i tedeschi sono stati i primi, in Europa, a puntare sull'energia solare per diminuire la loro dipendenza dalle fonti fossili. Già nei primi anni Novanta, lo stato tedesco ha stimolato i suoi cittadini a questa scelta. Quindici anni di forti incentivi, grandi facilitazioni e pochissima burocrazia (in Germania, gli impianti domestici non hanno bisogno di autorizzazioni) hanno portato i tedeschi a essere i **primi in Europa** nella classifica dei collettori installati nel 2010. Ma se andiamo a vedere la classifica dei metri quadrati per abitante, è l'Austria la regina d'Europa con 0,43 m^2. Addirittura una delle sue regioni (l'Alta Austria) in due anni ha raggiunto il record: 0,82 m^2 di pannelli termici a testa. L'obiettivo fissato dall'Europa per il 2020 è di 1 m^2 per cittadino, ovvero la possibilità di autoprodursi tutta l'acqua calda mediamente necessaria a una persona. La media dell'Unione Europea è di 0,06 m^2 e l'Italia si attesta sulla media europea. Al momento siamo quindi molto lontani dai parametri fissati dall'Europa.

Il solare termico è un'anomalia nel mondo delle rinnovabili: è l'unica fonte che non cresce, anzi tra il 2008 e il 2009 si era quasi fermata. Eppure è così semplice e vantaggiosa! Occorre offrire gli stessi incentivi del solare fotovoltaico e stimolare la ricerca tecnologica per affinare la già buona resa degli impianti. E sceglierlo senza indugio per la propria casa.

FUNZIONA ANCHE D'INVERNO!

E quando la neve imbianca i tetti? Un pannello solare termico non scalda l'acqua quando è interamente sepolto dalla neve. Ma è pur vero che se il pannello è sistemato con il giusto orientamento, l'esposizione a sud induce la neve a sciogliersi prima che sulle altre falde del tetto. E l'acqua tiepida che scorre comunque nei tubi aiuta il manto bianco a dileguarsi rapidamente "scaldandolo" da sotto.

PANNELLO SOLARE TERMICO

PANNELLO SOLARE FOTOVOLTAICO

ELETTRICITÀ DAL SOLE

LE AURORE

La luce è fatta di un flusso di minuscoli pacchetti di energia, detti fotoni. Quando fotoni ad alta energia, provenienti dal Sole, fanno brillare gli atomi dell'atmosfera, si verifica il fenomeno dell'aurore, detta boreale se è al polo nord, australe se è al polo sud.

"Dormono" sui tetti delle case o delle fabbriche, accendono un lampione e rivestono i satelliti spaziali... Aguzzando la vista è facile scovare i pannelli fotovoltaici un po' ovunque, minuscoli come un'unghia o vasti come un campo da calcio. Sebbene con forme e tecnologie diverse, tutti i **pannelli fotovoltaici** svolgono lo stesso importantissimo mestiere: trasformare l'energia del Sole in elettricità. Energia pronta all'uso e soprattutto prodotta gratis e senza inquinare.

Fu un giovane scienziato parigino di appena 19 anni, **Alexandre Edmond Becquerel** a scoprire che alcuni materiali sono capaci di liberare elettroni se colpiti da una radiazione elettromagnetica. Puntando diverse fonti di luce su alcune barrette di platino, nel 1839 Becquerel notò che si formava una debole corrente elettrica: è l'effetto fotoelettrico.

Questo fenomeno fisico-chimico sta alla base di tutte le celle che formano un pannello solare fotovoltaico, da non confondere con il pannello solare termico: hanno una forma simile, ma il primo produce elettricità il secondo acqua calda.

Ogni raggio di Sole è un "trenino" di particelle che si chiamano **fotoni**. Ogni volta che una raffica di fotoni colpisce una cella fotovoltaica, gli elettroni del materiale semiconduttore

ALEXANDRE EDMOND BECQUEREL

(1820-1891) Scoprì l'effetto fotoelettrico per caso, mentre effettuava degli esperimenti nel suo laboratorio. Il figlio, Antoine Henri Becquerel, è famoso per aver scoperto assieme a Pierre e Marie Curie la radioattività, scoperta che valse a tutti e tre il Premio Nobel nel 1903.

(di solito il silicio) di cui è costituita la cella "scappano" dai loro atomi: questo flusso di elettroni, se debitamente ordinato e incanalato, genera corrente elettrica.

I PRIMI PANNELLI FOTOVOLTAICI

La scoperta di Becquerel suscitò immediatamente un grande entusiasmo: un ragazzo dagli occhi vispi aveva scoperto uno dei grandi segreti del Sole! Ma le applicazioni pratiche arrivarono oltre 30 anni più tardi. Nel 1873 **Willoughby Smith**, sperimentando quali fossero i materiali più indicati per realizzare i cavi telegrafici sottomarini, si accorse che un materiale aveva un naturale effetto fotoelettrico: il **selenio,** elemento chimico piuttosto abbondante in natura (c'è anche nel corpo umano), esteriormente simile all'argento, in natura spesso legato con lo zolfo a formare dei minerali come la pirite. Utilizzando proprio il selenio, abbinato al platino, nel 1877, William Grylls Adams e Richard Day realizzarono un primo prototipo di foto-cella attivata dai raggi del Sole. Ma il primo vero pannello solare della storia è considerato quello di **Charles Fritts**, un inventore statunitense che nel 1883, utilizzando selenio e oro, costruì una cella in grado di trasformare in elettricità l'1% dell'energia solare da cui era colpita.

In pochi anni si fecero decine di esperimenti che portarono a gran parte delle competenze che ancora oggi gli scienziati

Nel 1955 viene installato il primo pannello solare con barrette di silicio per la compagnia telefonica della Georgia, *Americus*.

utilizzano nella realizzazione delle moderne celle fotovoltaiche. E non può mancare il contributo di **Albert Einstein**: lui non realizzò pannelli solari, ma nel 1905 riuscì a spiegare in modo preciso in cosa consiste l'effetto fotoelettrico. Una spiegazione talmente azzeccata e geniale che nel 1921 gli vale il Premio Nobel per la Fisica.

SELENIO O SILICIO?

Nonostante gli studi, le prove e gli esperimenti che seguirono l'invenzione di Fritts, il selenio non si dimostrò il materiale più indicato per la realizzazione dei pannelli solari. I suoi composti si rivelarono tossici e il rendimento energetico era troppo basso per rendere economicamente interessante la produzione di elettricità. Nel frattempo (siamo negli anni Venti e Trenta del secolo scorso) un nuovo combustibile facile da trovare e da raffinare iniziò a dilagare anche in forza del basso prezzo e della facilità di trasporto: il petrolio, che ben presto diventò la prima fonte di energia del mondo.

Nel 1954, Gerald Pearson, Darryl Chapin e Calvin Fuller, scienziati dei **laboratori Bell**, rispolverarono un'idea di 15 anni prima, quando Russel Ohl aveva costruito una cella dove il **silicio** prendeva il posto del selenio. Ohl non aveva indagato a fondo le potenzialità del nuovo materiale che

PANNELLO SOLARE... AL PENNELLO!

Molti centri di ricerca, tra cui anche il CNR di Bologna, per esempio, stanno sperimentando un pannello solare "liquido", che si può spalmare sui muri delle case, sui tetti e un po' dovunque... Altri studi, italiani e internazionali, stanno mettendo a punto dei pannelli solari trasparenti, che si potranno montare al posto delle finestre. Mentre, per tutelare il paesaggio, diversi produttori di coperture per tetti hanno già messo in commercio delle tegole che integrano la funzione di un pannello fotovoltaico.

Pannelli solari installati su un satellite

invece "i tre moschettieri" dei laboratori Bell sfruttarono al meglio, realizzando la prima cella fotovoltaica "moderna". E costruirono il primo pannello solare a barrette di silicio con un rendimento del 6%: per la prima volta nella storia, l'energia del Sole venne trasformata dall'uomo per far funzionare piccoli strumenti elettrici di uso quotidiano.

NUOVE SCOPERTE

Si fece quindi concreta l'idea di realizzare i pannelli solari su scala industriale. A partire dal 1960, la giapponese *Sharp* per prima iniziò a produrre e commercializzare i moduli fotovoltaici, anche se fino agli anni Ottanta le applicazioni della tecnologia a celle di silicio rimasero però per lo più limitate all'**ambito aeronautico** e **spaziale**: americani e russi fin dagli anni Cinquanta alimentavano i propri satelliti con il fotovoltaico e tutt'oggi il Sole è il "motore" per eccellenza per quanto riguarda la vita dell'uomo nello spazio.

Con la via aperta dalla *Sharp* la ricerca entrò in fermento: bisognava realizzare celle fotovoltaiche a costi bassi, così da poter essere utilizzate su larga scala. Nel 1967 si realizzò un pannello solare di solfuro di cadmio montato su lastra di plastica, nel 1970 si provò con l'arseniuro di gallio, e nel 1973 viene realizzata la prima cella a **silicio amorfo**, una tecnologia simile a quella che ancora oggi utilizziamo. Nel 1976 questa nuova tipologia raggiunse un rendimento del 5,5% e i costi di realizzazione furono molto inferiori a quelli del prototipo realizzato nei laboratori Bell venti anni prima.

OLTRE L'ATMOSFERA

I laboratori Bell realizzarono le prime celle solari che furono utilizzate nei pannelli solari dei primi satelliti artificiali come il *Vanguard 1*.
Nel 1967, la sonda spaziale russa *Sojuz 1* fu la prima a essere dotata di pannelli solari e con equipaggio umano. Purtroppo, durante la missione, uno dei due pannelli solari non si aprì, e l'astronauta non riuscì a girare la navicella in modo da esporre l'altro pannello verso il Sole: senza energia per alimentarla, si cercò di riportare *Sojuz 1* a terra, ma l'atterraggio non riuscì e la navicella precipitò, causando la morte dell'astronauta.

FOTOVOLTAICO OGGI

Mentre lo sviluppo tecnologico procede, sono tre le tipologie di pannelli fotovoltaici che attualmente si possono scegliere per essere installate sul tetto di casa: i pannelli fotovoltaici in silicio **amorfo**, i pannelli in silicio **multicristallino** e quelli in silicio **monocristallino**.

In tutti e tre i casi, i pannelli vengono collegati a una scatola (chiamata "**inverter**"). Essa mette "ordine" al flusso di elettroni che scaturisce dalle celle e trasforma la corrente elettrica continua prodotta dal pannello in corrente alternata, utilizzabile in casa dai diversi apparati elettrici. Ma il grande difetto dell'energia elettrica è la difficoltà di esser immagazzinata. Mentre i combustibili fossili chiusi in un serbatoio rimangono intatti per decenni senza perdere niente della loro energia potenziale, l'elettricità "svanisce" rapidamente: meglio consumarla subito per godere appieno di tutti gli sforzi necessari a produrla.

MEGACENTRALE
Nel deserto del Mojave, in California, ci sono le più grandi centrali solari del mondo, con migliaia di pannelli fotovoltaici. Qui si sta progettando un impianto solare ad alta concentrazione o termodinamico che fornirà 250 MW di potenza, soddisfando il bisogno energetico di 54 mila famiglie. La centrale del Mojave entrerà in funzione nel 2014 ed eviterà l'emissione di 350 mila tonnellate di CO_2 nell'atmosfera.

SILICIO AMORFO

Amorfo significa "senza forma" e si riferisce al fatto che il silicio viene spalmato in modo disorganizzato su supporti di diversa misura. Un sottile strato di silicio, di colore grigio scuro o blu, è utilizzato per rivestire il lato di un **vetro** formando un modulo spesso pochi millimetri.
Questo tipo di pannello è il più facile ed economico da installare, ed è il più ecosostenibile, perché richiede poca energia

Pannelli fotovoltaici sul tetto di una casa di montagna

per essere prodotto. Ma i suoi punti deboli sono il rendimento, che non supera il 10% e il degrado a cui è soggetto: la resa energetica diminuisce velocemente con il passare del tempo. Alla fine della sua vita, un pannello in silicio amorfo avrà comunque prodotto una quantità di energia 10-12 volte maggiore di quella impiegata per essere costruito.

SILICIO MULTICRISTALLINO

Il termine "multicristallino" indica che il silicio è organizzato in **grani** che vengono fusi a formare una soluzione non omogenea. Alla vista appaiono come tante cellette quadrate affiancate l'una all'altra con la loro tipica **struttura cristallina** di colore blu. Il costo di realizzazione di questi pannelli è superiore (anche del 40%) a quello dei pannelli in silicio amorfo, ma la resa energetica li rende interessanti: convertono in elettricità anche il 18-20% della luce solare incidente. Con una produzione di elettricità che si può ritenere sostanzialmente costante per circa 25 anni. Alla fine della sua vita un pannello di questo tipo avrà prodotto una quantità di energia 8-10 volte maggiore di quella impiegata per essere costruito.

SILICIO MONOCRISTALLINO

Questi moduli sono esteticamente molto simili a quelli multicristallini, ma le celle sono di colore grigio scuro, realizzate partendo da silicio puro tagliato in lingotti. Questa struttura permette la **massima conducibilità elettrica** che si concretizza in un rendimento energetico che in laboratorio (Fraunhofer Institute di Friburgo) ha raggiunto il rendimento

ARCHIMEDE È TORNATO IN SICILIA

A Priolo Gargallo, in provincia di Siracusa, Enel ed ENEA hanno collaborato per la costruzione dell'impianto Archimede, il primo al mondo che integra una centrale a ciclo combinato a gas e un impianto solare termodinamico. 576 pannelli parabolici concentrano la luce del Sole in tubazioni percorse da uno speciale fluido a base di sali, capace di accumulare e conservare il calore raccolto anche di notte o quando il cielo è coperto dalle nubi. In tal modo, la produzione del vapore necessario per azionare la turbina che infine produrrà energia elettrica è più costante e il vapore più "abbondante" e intenso. L'impianto è entrato in produzione nel 2010 e presto verranno costruite altre centrali solari di questo tipo, perfette per le zone ad alta intensità solare, come buona parte dell'Africa e del Sudamerica, dove potrebbero contribuire a dare energia ai Paesi in via di sviluppo senza emissioni di gas serra.

record del 25,3%. A livello di prodotto commerciale, il rendimento atteso è del 20-21%.
La tecnica di realizzazione del **silicio in lingotti** è particolarmente complessa, per questo motivo questi pannelli oltre a essere i più efficienti sono anche i più costosi.

Dopo anni un po' sonnacchiosi (l'Italia, il paese del Sole per eccellenza, veniva superato nelle classifiche delle installazioni di pannelli fotovoltaici da Germania, Svezia, Austria, Spagna...), dal 2009 in poi molte famiglie e aziende hanno scelto il fotovoltaico. E nel 2011, l'Italia ha sorpassato la Germania in quanto a nuovi impianti installati in un solo anno.

Nel nostro Paese, grazie agli incentivi sempre generosi, nel 2011 sono entrati in funzione nuovi pannelli capaci di offrire circa 7 GW di nuova potenza installata, quasi raddoppiando rispetto al 2010 (3,6 GW). Vale a dire poter spegnere 5-6 centrali termoelettriche a petrolio o a carbone. Più lentamente che in altri Paesi europei, la produzione di elettricità dal Sole in Italia comunque cresce di anno in anno. Gli ultimi dati disponibili prima di andare in stampa segnalano che a fine 2017 i pannelli fotovoltaici attivi in Italia sono cresciuti di un +12% rispetto al 2016. A fine 2017 il 32,4% dell'energia elettrica consumata dagli italiani è stata prodotta da fonti rinnovabili e il fotovoltaico fornisce energia elettrica a 12 italiani su 100. Va segnalato che quasi tutti i nuovi impianti sono di piccola taglia e vengono installati dai privati. Dunque sono le famiglie a credere nel Sole come fonte di energia mentre lo Stato fa poco o niente.

FOTOVOLTAICO IN PILLOLE

In Germania, a Senfterberg, nel 2011, è stata costruita la centrale fotovoltaica più grande al mondo.

Con 700 watt di energia fotovoltaica prodotta per ogni abitante, a fine 2017 le Marche è la regione italiana che è più capace di sfruttare il Sole.

PERCHÉ UN PANNELLO SOLARE NON TEME LA VECCHIAIA?

Un impianto fotovoltaico capace di soddisfare il fabbisogno di una famiglia italiana ha un costo che oscilla intorno ai 8-9 mila euro. Con i diversi incentivi (regionali e nazionali), il 25-30% della spesa viene abbattuto nei primi 5 anni e l'intero impianto, con i risparmi sulla bolletta e gli effetti del Conto Energia, viene interamente ammortizzato in 10-12 anni, anche meno nel Mezzogiorno. Un pannello fotovoltaico di ultima generazione dura 25-30 anni, al contrario del suo "predecessore", che iniziava a dare seri problemi intorno ai 10 anni di vita. Dunque, grazie alla longevità dei nuovi impianti, investire nel fotovoltaico sul tetto di casa significa avere energia gratis per metà della vita media dell'impianto stesso. Per fare un confronto, un'auto nuova perde il 10-15% del suo valore dopo 6 mesi e mediamente viene cambiata entro 5 anni di vita, venduta al 20-30% del suo costo iniziale.

SERPENTINE CALDE

OBIETTIVO DELL'ESPERIMENTO

Riscaldare l'acqua direttamente con l'energia del Sole.

MATERIALI OCCORRENTI

- Una cassetta di legno per bottiglie di vino o simile di circa 60 x 40 cm.
- 5 m di tubo di plastica per innaffiare, il più flessibile e sottile possibile.
- Un foglio di plastica trasparente per imballaggio poco più grande delle dimensioni della cassetta.
- Un secchio di plastica ben pulito che possa contenere circa 10 litri di acqua potabile.
- Vernice nera opaca
- Un paio di listelli di legno lunghi quanto il lato corto della cassetta
- Una pinza per appendere i panni

PROCEDIMENTO

1. Rimuovere il coperchio dalla cassetta, praticare due fori grandi quanto il diametro del tubo di plastica su un lato corto della cassetta e dipingere l'interno con vernice opaca.

2. Sistemare il tubo di plastica all'interno della cassetta in modo da realizzare una serpentina che verrà fissata poi al fondo con dei listelli di legno incastrati lungo il lato corto della cassetta.

3. Far uscire dai due fori praticati sul lato della cassetta le due estremità del tubo di plastica, per una lunghezza di circa un metro ciascuna.

4. Chiudere la parte superiore della cassetta con il foglio di plastica trasparente, fissandolo bene con nastro adesivo.

5. Disporre cassetta e secchio pieno d'acqua al sole, facendo immergere l'estremità del tubo di scarico nel secchio.

6. Far pendere l'altra estremità del tubo di scarico a un livello più basso. Poi succhiare leggermente in modo da far avanzare l'acqua lungo la serpentina e chiudere l'estremità del tubo di scarico con le pinze da biancheria.

7. Dopo alcuni minuti di esposizione al sole, sistemare le pinze di chiusura del tubo di scarico in modo da realizzare un gocciolamento.

RISULTATI

A seconda dell'intensità della radiazione solare, l'acqua in uscita dal tubo di scarico sarà di diversi gradi di temperatura maggiore di quella contenuta nel secchio. Con un termometro si può misurare la differenza.

RIFLESSIONI

Si è sfruttato il principio su cui si basa il funzionamento dei pannelli solari termici. La scatola dipinta di nero si trasforma in una trappola di radiazione solare che cede calore all'acqua circolante nella serpentina.

BIOMASSE E IDROGENO

Non solo legna da ardere; anche alghe essiccate, torsoli, bucce, noccioli e ogni tipo di scarto alimentare, ramaglie ricavate dalla pulizia dei boschi, segatura dalle falegnamerie, letame, residui dei depuratori idrici della città… tutto questo è biomassa.

BIOENERGIA
PULITA E RINNOVABILE

Ogni tipo di materiale organico, figlio della natura, può diventare calore o elettricità, direttamente come combustibile in una caldaia, o indirettamente se trasformato in combustibili liquidi o gassosi, come nel caso dei biocarburanti e del biogas. La **biomassa** è energia solare in forma vegetale, un'energia assolutamente rinnovabile, che non altera gli equilibri dei gas serra: infatti, durante la combustione, il legno libera una quantità di CO_2 pari a quella assorbita da una pianta mentre cresce (che in più rilascia anche ossigeno). Quindi, utilizzare biomasse per produrre energia, ripiantando gli alberi abbattuti per prevenire la deforestazione, non danneggia l'ambiente. Così, la prima fonte di energia a essere stata utilizzata dall'uomo (come raccontiamo nel capitolo 1) torna oggi alla ribalta.

Le biomasse sono prevalentemente utilizzate in impianti di produzione di calore di dimensioni diverse, strettamente legati alle caratteristiche del territorio e alla reperibilità del

ALBERI CONTRO L'EFFETTO SERRA!

Gli alberi contribuiscono da sempre all'equilibrio dell'effetto serra, grazie alla fotosintesi clorofilliana. Nei primi 10 anni di vita un albero assorbe via via da 10 a 100 kg di CO_2 all'anno, ma un faggio centenario è in grado di assorbire fino a 2,5 kg di CO_2 all'ora!

combustibile in zona. Si possono costruire impianti di media taglia (per il riscaldamento di un ospedale o il teleriscaldamento di un borgo di montagna) e impianti domestici per la singola abitazione o il condominio. Infine, le biomasse possono offrire nuove prospettive di lavoro in aree rurali, specie nel Sud del mondo.

IL PELLET

Nelle caldaie si bruciano olii di origine vegetale, alghe o scarti alimentari opportunamente preparati, ma è il pellet "l'invenzione" che ha aperto una nuova stagione di successi per le biomasse. Il pellet è un piccolo **cilindro di legno pressato**, prodotto con il polverino ottenuto dalle ramaglie raccolte durante la pulizia del bosco o dagli scarti di lavorazione del legno (non si deve usare legna che è stata mescolata a colle o vernici). Le sue dimensioni variano da 1 a 5 cm di lunghezza e tra 5 e 8 mm di diametro; viene realizzato sottoponendo a un'altissima pressione lo scarto di legno precedentemente selezionato.

I vantaggi delle **stufe a pellet** sono l'elevato potere calorifico (1 kg di pellet produce la stessa energia di 1/2 litro di nafta) grazie alla disidratazione del legno, l'alimentazione automatica della camera di combustione, il basso contenuto di zolfo e di altri inquinanti. Inoltre, le ceneri residue del pellet possono essere utilizzate come fertilizzante per il giardino. Scaldarsi a pellet contribuisce a diminuire la dipendenza da fonti energetiche non rinnovabili come petrolio, gas o carbone,

IL PELLET FA GOAL QUATTRO VOLTE!

In Italia molti boschi sono abbandonati a se stessi, favorendo quel dissesto idrogeologico che balza alle cronache quando capita una frana o un'alluvione. Il pellet per il riscaldamento delle case si ottiene facilmente da ramaglie, tronchi caduti e potatura degli alberi. Dunque non serve abbattere piante vigorose e in buona salute. Produrre pellet nelle aree boschive italiane porta a quattro risultati in un sol colpo: si offre lavoro in montagna, si protegge il territorio, si migliora la salute delle piante (crescendo meglio, assorbono più CO_2) e si aumenta l'uso di energie rinnovabili.

PAESE CHE VAI... BIOMASSA CHE TROVI!

Per sfruttare la resa energetica delle biomasse, se ne sono inventate di ogni tipo. In Olanda, per esempio, si sperimentano procedure per il recupero degli scarti alimentari industriali (bucce di ortaggi o frutta), che vengono essiccati e poi bruciati al posto del carbone nelle caldaie di grandi condomini o edifici pubblici. In Australia, si raccolgono le migliaia di tonnellate di frutta invenduta nei supermercati: mentre marciscono, fermentano, liberando gas che si possono recuperare. In Spagna, si genera elettricità grazie agli scarti della produzione di olio di oliva, biomassa oleosa che regala parecchio calore. Nei paesi del Sudest asiatico, si bruciano i gusci delle noci di cocco!

purché si faccia attenzione al luogo dove viene confezionato. Anche se il prezzo può essere allettante, importare legno dall'Africa o dal Sudamerica per poi bruciarlo nelle stufe in casa propria è un controsenso ambientale: quanta energia è stata consumata per il trasporto? Senza considerare la deforestazione indiscriminata o lo sfruttamento delle risorse dei paesi del Sud del mondo...

BIOCARBURANTI

I biocarburanti sono fonti energetiche rinnovabili che si ottengono da piante zuccherine, come il **mais** e la **canna da zucchero** (che si trasformano in bioetanolo), e da piante oleose, come la **colza**, la **soia** o il **girasole** (che diventano biodiesel). I biocarburanti sono una delle possibilità che si stanno vagliando per fronteggiare l'esaurimento delle risorse fossili e il caro-petrolio.

Tuttavia, soprattutto tra gli ambientalisti, ci sono molte perplessità e resistenze verso l'utilizzo dei biocarburanti: per far crescere tutte queste piante si sottrae terreno alle colture alimentari, si fa un uso massiccio di pesticidi e fertilizzanti chimici che inquinano i terreni e le falde acquifere e, infine, si favorisce la deforestazione di enormi territori per far spazio a nuovi campi da coltivare.

Per tutti questi motivi, la ricerca scientifica si sta concentrando sui cosiddetti biocarburanti di seconda generazione, più ecosostenibili, che si ottengono da biomassa non alimentare: fusti, foglie, alghe, la paglia del riso, la canna comune...

Non sottraggono spazio alle colture alimentari, e in più si recuperano terreni abbandonati, evitando problemi di dissesto idrologico ed erosione.

IDROGENO "VEGETALE"

È possibile ricavare idrogeno anche dalle biomasse. Immessi in appositi "digestori", il legno, la carta, gli escrementi animali, i residui agricoli e forestali o i rifiuti dell'industria agroalimentare vengono lasciati fermentare in assenza di ossigeno. È un processo biochimico naturale (che quindi non ha bisogno di energia "esterna"), innescato da alcune alghe e batteri anaerobici. In certi casi si ottiene un biogas composto prevalentemente da metano, che va sottoposto ad un ulteriore processo di "reforming" per ottenere idrogeno.

IDROGENO

Un altro combustibile perfettamente naturale e rinnovabile (praticamente inesauribile) è l'idrogeno, il più piccolo e il più semplice elemento conosciuto: un protone (che ne costituisce il nucleo) e un solo elettrone che gli orbita attorno.

Individuato nel 1776 dal chimico scozzese **Henry Cavendish**, il suo nome lo si deve al chimico francese **Antoine Lavoisier** che unì le parole greche "hydôr" (acqua) e "geinomai" (generare): generatore di acqua.

L'idrogeno costituisce il 55% della materia con cui è fatto il cosmo e il 77% della materia con cui sono fatte le stelle come il Sole. Circa il 15% della Terra è costituito da idrogeno: quasi inesistente allo stato libero, è per lo più legato all'ossigeno nella molecola di acqua, al carbonio negli idrocarburi e nei composti organici. L'idrogeno puro si ottiene con l'**elettrolisi** ("lisi" significa scissione) della molecola d'acqua, cioè bisogna far passare elettricità nell'acqua.

Più che un combustibile come il petrolio, l'idrogeno è un "**vettore energetico**", cioè un portatore di energia, quindi un "mezzo" per immagazzinare energia chimica, pronta a diventare elettricità in modo semplice, immediato e con grande rispetto per l'ambiente. Tuttavia, per ricavare idrogeno puro

Stazione di rifornimento a idrogeno

attraverso il processo di elettrolisi, serve parecchia energia. Quindi, l'idrogeno è particolarmente conveniente quando per ricavarlo si sfruttano le energie rinnovabili (Sole, vento, acqua) e non le fonti fossili (petrolio, gas naturale). Si possono costruire "fabbriche di idrogeno" in ogni parte del globo, sfruttando la soluzione più conveniente (il Sole ai Tropici, il vento vicino al mare, una cascata in montagna...). E, soprattutto, si possono ridurre fortemente le emissioni di CO_2, responsabili dell'**effetto serra** e dei cambiamenti climatici.

INQUINAMENTO ZERO

I veicoli alimentati a idrogeno sono una delle soluzioni più promettenti agli attuali problemi di mobilità.

Al posto del motore a scoppio si utilizzano le **"fuel-cells"** (dette anche pile a combustibile) che raccolgono l'elettricità che si sprigiona quando l'idrogeno entra in contatto con l'ossigeno. Il prodotto finale di questa combustione è l'acqua. Perciò, dal tubo di scappamento dei veicoli alimentati a idrogeno uscirà semplice **vapore acqueo**, anziché gas altamente inquinanti! Inoltre, le pile a combustibile hanno un elevata efficienza energetica: solo il 25-30% della benzina si trasforma in potenza che muove l'auto, mentre con l'idrogeno la resa è superiore al 50%.

Oggigiorno le celle a combustibile vengono sperimentate con successo su automobili e autobus, ma in futuro potrebbero essere installate anche nelle case per far funzionare i nostri apparecchi elettrici, i cellulari e i computer portatili.

PILE A COMBUSTIBILE NELLO SPAZIO

La prima pila a idrogeno fu inventata già nel 1839 da Sir William Grove. Tuttavia, la sua scoperta fu ignorata e soltanto negli Sessanta del secolo scorso, in piena corsa alla conquista dello spazio, la NASA riprese l'idea delle fuel-cells poiché i veicoli spaziali non permettono l'uso di motori a combustione interna per produrre elettricità. Nei programmi Apollo e Gemini , la NASA utilizzò le "fuel-cells" con successo tanto che fino a quando erano attivi, anche gli Shuttle si avvalsero di questa tecnologia.

GIACIMENTO
IN CASA

Quanto ci costa un anno di docce calde? E un anno di pastasciutta cotta a puntino? E il tepore del salotto d'inverno? La bibita fresca d'estate, il latte scaldato al microonde, il computer e internet sempre accesi...

CHE SPRECO DI ENERGIA!

Il **progresso tecnologico** e la disponibilità di energia hanno permesso, negli ultimi 40-50 anni, di raggiungere livelli di assoluta comodità. L'elettricità è la linfa vitale di ogni nostra giornata e ormai senza i nostri elettrodomestici (pensiamo solo al telefonino che tutti abbiamo in tasca...) non sapremmo più vivere. Ma stiamo consumando troppo! Dobbiamo imparare nuove strade per arrivare ai medesimi obiettivi (la TV si guarda lo stesso anche senza lo "stand-by" acceso giorno e notte...) e utilizzare quelle tecnologie che ci permettono di sfruttare meglio le risorse energetiche. Bisogna sprecare meno (un frigo di ultima generazione consuma un terzo dell'elettricità di un frigo di 15 anni fa) e organizzarsi meglio: ad esempio, ricavando da un pannello solare termico l'acqua calda per la doccia piuttosto che richiederla esclusivamente al boiler elettrico.

Circa il 38% del fabbisogno energetico italiano si consuma in casa: il 48% riguarda il riscaldamento (e i condizionatori

LO STAND-BY

Se in Europa si spegnessero completamente le apparecchiature elettriche, si potrebbe risparmiare l'energia prodotta da sei centrali!

d'estate, che sono sempre più presenti nelle nostre case, a volte usati senza criterio), un 27% sono consumi legati a illuminazione e apparecchi elettrici, e un 25% è legato al riscaldamento dell'acqua e alla preparazione del cibo. Sette case su dieci sono state costruite prima del 1980, senza nessuna attenzione ai sistemi di efficienza energetica.

UNA SCATOLA EFFICIENTE

Il tuo appartamento è una scatola, con la sua capacità di trattenere meglio o peggio il calore che serve per star caldi d'inverno. Il calore scappa dai "buchi" della scatola: porte e finestre con gli spifferi o con un solo vetro. L'energia dispersa da una finestra in un appartamento di una città del Nord Italia da metà ottobre a metà marzo è la stessa che serve per tenere accesa una lampadina da 75 Watt per 100 giorni, 24 ore su 24! Scegliere per la propria casa vetri doppi o tripli, o a **bassa trasmittanza** (che tengono fuori anche il caldo d'estate) vale almeno 300 euro di risparmio l'anno per un appartamento da 100 metri quadrati.

Un impianto di riscaldamento inserito nel pavimento è il modo migliore per scaldare uniformemente una stanza e permette anche un 25% di efficienza. Se la casa ha l'impianto classico, con l'aiuto di una **valvola termostatica** anche un vecchio termosifone collegato al riscaldamento condominia-

TROPPO CALDO!

In Italia 7 appartamenti su 10 sono riscaldati in eccesso e la temperatura diurna oscilla tra i 21-22 °C (e lo stesso dicasi per uffici e scuole). Normalmente ne sono sufficienti 18-19. La differenza sembra innocua, eppure abbassare il termostato di appena mezzo grado significa risparmiare il 5% dell'energia. Se in tutte le abitazioni dell'Unione Europea la temperatura scendesse di 2 °C (da 22 a 20), si potrebbero risparmiare 500 mila barili di petrolio al giorno, l'equivalente dell'acqua necessaria per riempire circa 32 piscine olimpioniche. Se siete a casa con con una temperatura di 19 °C e sentite ancora freddo, ponetevi questa domanda: è meglio consumare qualche litro di gasolio in più ogni giorno o infilarsi un maglione?

Valvola termostatica

le può fornire il caldo desiderato stanza per stanza. Impostando la temperatura sulla valvola, si regola l'afflusso di acqua calda nel singolo calorifero, senza più l'obbligo di avere tutti gli appartamenti scaldati allo stesso modo. La valvola conta le calorie sprigionate per ogni termosifone durante il mese e permette un conteggio personalizzato della bolletta, facendo risparmiare così anche il 40% sulla bolletta annua.

Per autoprodurre l'elettricità, esistono pannelli fotovoltaici di vario tipo: la differenza sta nel materiale con cui sono realizzati e dunque nell'efficacia di produrre elettricità rispetto alla superficie occupata (ne abbiamo parlato a pag. 68). Si possono sistemare ovunque (anche in verticale sulla facciata della casa), purché esposti in modo corretto. Un impianto adatto alle esigenze di un'abitazione (3 kW) costa circa 8-9000 euro, fornisce subito l'elettricità che serve alla famiglia e, sfruttando i vantaggi del "**conto energia**" (per 20 anni l'elettricità prodotta "in eccesso" viene acquistata a prezzo garantito), in 8-10 anni si recupera l'investimento iniziale. Dopodiché si ha energia gratuita: l'impianto è garantito 25 anni, ma arriva facilmente a funzionare per 30-35.

Per lavarsi le mani serve acqua calda a 30-35 °C, poco di più per la doccia. Usare un **boiler elettrico** (8 milioni gli apparecchi funzionanti tutt'oggi in Italia, il 40% nel Meridione), mentre l'elettricità è stata prodotta in una centrale termoelettrica chissà dove, è altamente inefficiente perché appena il 10% del combustibile di partenza viene effettivamente sfruttato con la doccia. Molto meglio la **caldaia a gas**, dove il combustibile agisce "in loco" con un rendimento anche dell'80%: il risparmio è di 800-1000 euro l'anno.

RISCALDAMENTO A PAVIMENTO

È un tipo di riscaldamento basato su un sistema di tubazioni in cui circola acqua calda a bassa temperatura (30 °C - 40 °C). I tubi sono sistemati sotto il pavimento e appoggiati su pannelli isolanti che irraggiano calore a tutta la casa: in questo modo il calore si diffonde in modo uniforme e il risparmio energetico ed economico è garantito.

Con i pannelli solari termici e fotovoltaici installati sul tetto di un'abitazione, una famiglia può non solo usufruire di docce gratis, ma anche rivendere l'elettricità, se la produzione supera il fabbisogno famigliare.

Un impianto solare termico nella città di Bolzano fornisce il 60% dell'acqua calda necessaria a una famiglia; figuriamoci al Sud: d'estate, per intere settimane il Sole potrebbe regalare acqua calda a tutti. È questo il caso più emblematico dove tre "generazioni" (boiler elettrico, caldaia a gas, pannello solare) evidenziano come la tecnologia può garantire enormi migliorie in fatto di efficienza energetica.

CASA A++

Per legge, in Italia, come in tutta Europa, gli elettrodomestici sono accompagnati da una specifica etichetta che indica l'**efficienza energetica**. Il frigorifero è l'elettrodomestico più diffuso nelle case degli italiani, ma anche il più "incompreso": poca manutenzione e pulizia, posizione errata nella cucina, dimensioni eccessive rispetto alle reali necessità... Soprattutto resta acceso 365 giorni su 365. Un nuovo frigorifero in classe **A++** permette anche 180 euro di risparmio l'anno e in 3-4 anni si ripaga completamente l'investimento iniziale. Analogamente per la lavatrice, presente nell'80% delle case italiane, il risparmio si ottiene acquistandone una nuova ed efficiente (120-130 euro l'anno in meno sulla bolletta), ma anche solamente usando meglio quella che già si possiede: non è vero che il bucato diventa più bianco solo con abbondante detersivo (che richiede più acqua nel risciacquo) o con acqua molto calda (che richiede più energia per riscaldarla). Lavaggi brevi e acqua fredda fruttano subito 50-60 euro

OCCHIO AL FRIGORIFERO!

Il frigorifero trae giovamento energetico se ogni anno si fa una manutenzione regolare alla serpentina posteriore e alla guarnizione dello sportello. Inoltre bisogna sbrinarlo spesso perché con il ghiaccio il frigo consuma il 30% di energia in più. E ricorda di aprirlo solo quando necessario e di non introdurre cibi caldi. Ogni anno ne guadagni una cena al ristorante!

di risparmio l'anno. Infatti, una lavatrice consuma tre volte meno nei lavaggi a 40 °C rispetto ai cicli di 90 °C, ed evitando il prelavaggio, si risparmia un altro 15% di energia.

Le indicazioni europee, via via recepite dai singoli Stati, hanno ormai messo al bando le "vecchie" **lampadine a incandescenza**, dove anche il 90% dell'energia consumata andava sprecata sotto forma di calore: per assurdo, erano quasi più efficaci come "stufette" che come fonte di luce!

La tecnologia "di mezzo" ha sfornato innumerevoli tipi di **lampadine fluorescenti compatte**, per tutte le esigenze e di tutte le fogge. Ma è sulla nuova tecnologia che dobbiamo orientarci: le lampadine a **LED**. A parità di resa luminosa, una lampadina a LED offre l'80% di risparmio rispetto a lampadine tradizionali (a incandescenza) o lampade alogene. Il costo più elevato di questi apparati si recupera sia con la bolletta più bassa sia con la lunga durata. Inoltre le lampadine a LED, realizzate prevalentemente in plastica, sono più facilmente smaltibili rispetto a quelle a fluorescenza.

Non da ultimo, installare sensori di presenza che spengono la luce quando nessuno è nella stanza è un'ulteriore garanzia di efficienza e risparmio.

Anche in cucina ci può essere efficienza: i forni a microonde cuociono i cibi "dall'interno" e non deteriorano in alcun modo gli ingredienti: i tempi di cottura sono ridotti del 25% e l'impiego di energia elettrica anche della metà. Anche le piastre di induzione sono vantaggiose per cucinare la pasta sostituendo il metano, specie se l'elettricità viene dai pannelli fotovoltaici sul tetto della casa.

IL BUON SENSO È GRATIS

D'inverno, le spese di riscaldamento diminuiscono se abbassi il termostato anche di un solo grado e tieni le tapparelle abbassate di giorno quando in casa non c'è nessuno. D'estate, rampicanti a foglia larga e fitte siepi sul lato della casa esposto a sud permettono un risparmio del 20-30% sull'energia spesa per il condizionatore.
Organizzando l'illuminazione di casa, evita i lampadari centrali a più lampadine: meglio avere lampade da terra o da parete. E alla scrivania scegli lampade con il braccio orientabile per illuminare solo il foglio o il libro che stai leggendo.
Un computer per uso domestico, così come casse acustiche, modem esterni, stampanti hanno alimentatori interni che restano accesi anche se non si utilizzano.
È bene dunque accendere il computer e le proprie periferiche solo quando effettivamente serve, per evitare di consumare inutilmente 20-25 Wh. Inoltre, collega le prese del PC e delle sue periferiche a un'unica multi presa ("ciabatta") con interruttore: in tal modo, premendo un unico pulsante si scollegano dalla rete più apparecchi in un solo gesto.
Il televisore consuma mediamente in un anno 200 kWh, in buona parte dovuti allo "stand by" (la lucina rossa) e all'orologio, che, molto spesso, rimangono accesi giorno e notte tutto l'anno.
Sono scelte praticabili ed economicamente sostenibili che coinvolgono ciascuno di noi, perché limitare l'effetto serra significa prima di tutto far felice il portafoglio.

DALL'URANIO ALL'ELIO

L'energia atomica ha tanti papà: John Dalton, Amedeo Avogadro, William Crookes, Wilhelm Röntgen, Joseph John Thomson, Ernest Rutherford, Enrico Fermi, Emilio Segrè, giusto per ricordarne alcuni.

LA FORZA DELL'ATOMO

Tutti questi grandi scienziati hanno dato, tra l'Ottocento e il Novecento, il loro importante contributo allo studio dell'atomo e delle sue proprietà. Dopo che Henri Becquerel nel 1896 osserva, per caso, i raggi X, tra la fine dell'Ottocento e la prima metà del Novecento, un'intera famiglia di studiosi, **Marie Curie**, suo marito **Pierre** e la figlia **Irène**, esegue ricerche ed esperimenti fondamentali. Nel 1898, Marie chiama radioattività la capacità che ha l'uranio di impressionare una pellicola fotografica a distanza. Quindi, insieme al marito Pierre, scopre altri elementi radioattivi: torio, polonio e radio. Nel 1934 la loro figlia Irène produce per la prima volta la radioattività artificiale. Nel dicembre 1942, lo scienziato italiano **Enrico Fermi** costruisce il primo rudimentale reattore nucleare all'Università di Chicago e "rompe" l'atomo liberando energia. "Il navigatore italiano ha scoperto un nuovo mondo": è la frase in codice che annuncia il successo dell'esperimento. Pochi mesi dopo ha inizio il segretissimo proget-

I RAGAZZI DI VIA PANISPERNA

Enrico Fermi (nella foto), assieme a un gruppo di giovani e brillanti fisici (passati alla storia come "i ragazzi di via Panisperna), studiò così a fondo l'atomo da inaugurare una nuova disciplina scientifica, la fisica atomica, e vincere il Premio Nobel nel 1938.

CENTRALI NUCLEARI DI NUOVA GENERAZIONE

La tecnologia di costruzione delle centrali nucleari è in continua evoluzione. Dopo la prima generazione di centrali, costruite negli anni Sessanta, è seguita una seconda generazione "ad acqua leggera" negli anni Settanta e Ottanta, a cui risalgono gran parte dei reattori presenti in Europa. A partire dagli anni Novanta sono nati gli impianti di terza generazione con una maggiore tenuta in caso di incidente all'interno dei reattori o di attacco esterno, come gli EPR (reattore europeo ad acqua pressurizzata) in costruzione in Francia (a cui prende parte anche l'Italia attraverso l'Enel), in Finlandia e in Cina. I progetti futuri si basano invece sulla quarta generazione, ancora in fase di studio: bisognerà attendere almeno il 2050 perché l'energia prodotta da questi impianti possa essere utilizzata, con promesse di considerevole diminuzione delle scorie radioattive.

to Manhattan, promosso dagli Stati Uniti, che vede centinaia di scienziati di tutto il mondo studiare le reazioni atomiche per costruire una super-bomba. Le tragedie di Hiroshima e Nagasaki (6 e 9 agosto 1945) ci ricordano che purtroppo ci sono riusciti.

L'ENERGIA NUCLEARE

Terminata la Seconda Guerra Mondiale, grazie anche all'opera di organismi internazionali come l'ONU, viene promossa l'utilizzazione pacifica dell'energia nucleare e nel 1954 la centrale di **Obninsk**, vicino Mosca, produce per prima energia elettrica (5 MW) partendo da materiale radioattivo. Due anni più tardi entra in funzione quella inglese di **Calder Hall**, in grado di generare 60 MW. Nel 1959 a **Ispra**, in provincia di Varese, viene attivata la prima centrale nucleare italiana e, nel 1966, l'Italia diventa il terzo produttore mondiale di energia elettrica di origine nucleare. Nel 1975, il governo guidato da Aldo Moro progetta la costruzione di 20 centrali nucleari per coprire (imitando la strategia della Francia) il 70% del fabbisogno elettrico nazionale entro i successivi 10 anni. Si costruiscono quattro centrali nucleari: la prima a entrare in funzione è quella di Latina, nel 1963. Seguono Garigliano (Caserta) e Trino Vercellese nel 1964, Caorso (Piacenza)

Seppellimento del villaggio Kopatchi, situato a pochi chilometri dal reattore nucleare esploso nel disastro di Chernobyl. Le ruspe scavano dei fossi davanti a ogni casa, prima di seppellirle completamente con la terra. Questo metodo viene applicato a interi villaggi vicino a Chernobyl per cercare di arginare il diffondersi delle scorie radioattive.

nel 1977. A queste non ne seguono altre perché nel 1987 la maggioranza degli italiani decide, tramite un **referendum popolare**, di rinunciare ad avere reattori termonucleari in funzione sul proprio territorio (il 71,9% dei votanti si espresse in tal senso). Un risultato che è soprattutto conseguenza del **disastro di Chernobyl**: il più grave incidente nella storia dell'energia nucleare.

Per più di 10 anni nel nostro Paese non si parla più di energia nucleare, anche se un'importante fetta di energia che compriamo dall'estero deriva dalle centrali attive in Svizzera, Francia e Slovenia. Ma anche se senza reattori, l'Italia deve trovare una sistemazione per le sue scorie e così nel 2003 si individua un sito in Basilicata, dove poter custodire le capsule di vetro e cemento piene di materiale radioattivo. La scelta trova la fortissima opposizione della popolazione e la decisione viene revocata. Ancora oggi non si è individuato il luogo adatto dove conservare le 160 mila tonnellate di rifiuti radioattivi oggi custoditi in modo provvisorio.

La vicenda del deposito nazionale è però soltanto l'inizio della discussione sulla "questione nucleare".

Tra il 2005 e il 2011 il governo italiano rivaluta l'energia nucleare e si promulgano leggi che riportano l'Italia sulla strada del nucleare e alla costruzione entro 15 anni di **dieci nuovi reattori nucleari**, tali da produrre il 25% del fabbisogno energetico italiano.

CHERNOBYL

Nella notte del 26 aprile 1986, nella centrale nucleare ucraina vicino a Chernobyl, un test per il controllo di sicurezza si trasforma in un incontrollato aumento di potenza. In poco tempo si arriva all'esplosione del reattore e alla liberazione di una nube radioattiva. Oltre 300 mila persone vengono evacuate e l'aria contaminata raggiunge tutta l'Europa. La terra si contamina, intere mandrie di animali muoiono per malattie legate alle radiazioni. Gli effetti sono devastanti anche per la popolazione che abita quelle zone: ancora oggi (oltre ai morti, probabilmente migliaia), si registrano malattie legate alle alte concentrazioni radioattive.

Un contatore Geiger per misurare le radiazioni di tipo ionizzante

FUKUSHIMA

Ma un nuovo incidente, a 25 anni da Chernobyl, e un altro referendum fermano il progetto del governo italiano.

Una scossa di **terremoto** del 9° della scala Richter colpisce le coste del Giappone l'11 marzo 2011, e uno **tsunami** si abbatte sulla centrale nucleare di Fukushima. Tre dei sei reattori vengono danneggiati, inizia la fusione incontrollata di parte del materiale radioattivo e un migliaio di persone vengono immediatamente evacuate. Non ci sono vittime dirette, ma l'ambiente circostante è fortemente contaminato, e continuerà a esserlo per molto tempo. L'incidente fortunatamente non ha le stesse conseguenze di Chernobyl, ma riapre una discussione a livello internazionale sulla sicurezza di questo tipo di impianti. A giugno 2011, in Italia, dove già prima dell'incidente era stato indetto un referendum, il 94% della popolazione torna a dire "No" alla costruzione di nuovi impianti, confermando la scelta fatta nel 1987.

Oggi le centrali nucleari attive nel mondo sono 439, e altre 60 sono in fase di progettazione o costruzione. La produzione mondiale di energia è pari a 375 mila GW, poco meno del 5% del fabbisogno di energia primaria del pianeta. Il Nord America ospita il maggior numero di reattori, ben 118, a seguire c'è la Francia con 58 (ma è stata annunciata la chiusura di 17 impianti), il Giappone con 54, la Cina con 36 e la Federazione Russa che ne conta 32.

LE SCORIE RADIOATTIVE

Se da una parte producono energia "pulita" (cioè senza emissioni di gas serra), le centrali nucleari hanno il problema della gestione delle scorie radioattive, che possono essere pericolose per la salute e per l'ambiente, e che non possono essere immagazzinate in un posto qualsiasi. Con il passare del tempo le scorie perdono la loro carica radioattiva diventando innocue, ma questo periodo (tempo di dimezzamento) può variare da poche settimane a migliaia di anni. In base alla loro natura i rifiuti si dividono in tre categorie: rifiuti a bassa attività, che hanno origine da impieghi medici e di ricerca scientifica. Poi ci sono i rifiuti a media attività nei quali rientrano gran parte dei rifiuti provenienti dalle centrali. Infine, ci sono i rifiuti ad alta attività che prevedono tempi di decadimento di decine di migliaia di anni, derivanti in gran parte dal riprocessamento del combustibile nucleare. I rifiuti a bassa e media attività (95% del totale) vengono mescolati con il cemento e stoccati dentro fusti in acciaio alloggiati dentro casse di cemento. Depositi di questo tipo esistono in tutti i Paesi che fanno uso dell'energia nucleare. I rifiuti ad alta attività (5% del totale) devono invece essere inglobati in cilindri di vetro ricoperti da acciaio e immagazzinati in depositi geologici (fatti di granito, argilla o salgemma) sotterranei. L'unico deposito attivo di questo tipo si trova a Carlsbad, nel New Mexico (USA). È il *Waste Isolation Pilot Plant*, tra i 700 e i 1200 m di profondità, situato in una formazione di salgemma.

Gli scienziati stanno progettando il Tokamak *(nella foto), un reattore speciale circondato da un campo magnetico in grado di ospitare (forse) una fusione nucleare.*

NUCLEARE ADDIO?

Questa è la "fotografia" della situazione prima dell'incidente di Fukushima. Dopo l'11 marzo 2011 molti governi nazionali hanno infatti rallentato i propri piani nucleari, in attesa di verificare la **sicurezza degli impianti** e le eventuali alternative. La Germania ha chiuso i reattori più vecchi e si sta organizzando per abbandonare il nucleare entro il 2022 (ma ogni tanto ci ripensa), la Svizzera ha bloccato la costruzione di tre nuovi reattori annunciando lo spegnimento di quelli esistenti nel 2034. Nel mondo anche Kuwait, Venezuela e Messico hanno detto addio al nucleare. Il Giappone, pur non rinunciando al nucleare, intende diminuire la produzione di energia derivante dall'uranio.

Altre nazioni, invece, come Cina, Indonesia, Stati Uniti hanno difeso la sicurezza dei propri impianti e hanno annunciato che il loro piano energetico non subirà variazioni di rilievo. La Cina ha in previsione la costruzione di altre 32 centrali, la Russia 8, e altre nasceranno in paesi in via di sviluppo come India, Corea e Brasile. In Europa, nuove centrali dovrebbero sorgere in Bulgaria, Slovacchia, Romania, Finlandia e Ucraina.

IL FUTURO: LA FUSIONE NUCLEARE

Gli impianti nucleari si basano tutti sulla "fissione", procedimento in cui un neutrone colpisce un atomo (pesante) di uranio liberando energia. In questo modo non si rilasciano gas serra dannosi per l'atmosfera, ma si producono scorie radioattive difficili da conservare. L'obiettivo per il futuro è quello di ottenere energia nucleare attraverso la "fusione", lo stesso meccanismo con cui produce energia il Sole. Questo processo prevede che atomi leggeri di idrogeno si uniscano a formare atomi di elio, ma per avvenire necessita di temperature elevatissime, come quelle presenti nelle stelle.

CAMBIAMENTI CLIMATICI

Il clima è cambiato, sta cambiando anno per anno, continuerà a cambiare. È una certezza scientificamente dimostrata dai dati e dalle loro analisi statistiche: l'aumento delle temperature degli ultimi decenni è innegabile.

UNA STORIA VECCHIA

È incredibile come alcuni politici, anche molto importanti, continuino a negare il *climate change*. Non sono solo i politici a contestare il cambiamento climatico, anche alcuni scienziati e ambientalisti famosi affermano che il riscaldamento globale non esiste, o che se esiste non è poi così pericoloso.

Sono ormai più di 50 anni che gli scienziati di tutto il mondo studiano con attenzione il clima sulla Terra, con sempre maggiore perizia nel raccogliere i dati (centraline automatiche, satelliti...), sempre maggiore visione d'insieme e capacità di individuare correlazioni, e con algoritmi e modelli matematici che indicano con chiarezza, stante la tendenza attuale, quali scenari ci aspettano nel 2030, 2050 o 2100. Ed è altrettanto chiaro che la brusca accelerazione di questo cambiamento, iniziata dalla seconda metà del XX secolo, è dovuta all'uomo e ai suoi comportamenti, specie per come sta consumando l'energia che deriva dai combustibili fossili.

CLIMA O METEOROLOGIA?

Che cos'è il **clima**? Prova a chiederlo a cinque persone diverse e ascolterai cinque racconti diversi, probabilmente giusti tutti e cinque. Una risposta univoca non è facile, nemmeno se lo chiedi a uno scienziato. Il fisico ti parlerà di masse d'aria o di correnti d'acqua che si spostano e di temperature; il chimico ti racconterà della presenza di alcuni gas climalteranti (i gas ad effetto serra) e di come cambia la loro concentrazione in percentuale in atmosfera o nei mari; il botanico e lo zoologo ti parleranno dei climi ideali per quella pianta o per quell'animale e di come un habitat intero può esser messo in crisi per un'estate troppo piovosa o un inverno senza neve. L'ingegnere e l'architetto ti diranno di come si costruisce una casa che sappia proteggere i suoi abitanti dal caldo e dal freddo con il dispendio minimo di energia...

ALERT METEO!

Tutti i meteorologi rigorosi offrono previsioni a 2-3 giorni. Già a 4 giorni la percentuale di predizione scende sotto il 50% e sui 5 giorni è inferiore al 30%; diffida da chi prevede il tempo oltre i 5-6 giorni o addirittura racconta con settimane di anticipo che tipo di estate o di inverno ci aspetta: non sono persone serie.

Il clima non è "il tempo che fa". Quello è la **meteorologia** e gli scienziati che studiano le variazioni delle condizioni di temperatura, precipitazioni, pressione, venti, umidità sono i **meteorologi**, che cercano di prevedere cosa accadrà nei prossimi giorni in un'area circoscritta.

L'atmosfera è il campo su cui opera la meteorologia. Il clima invece è un sistema complesso caratterizzato da parecchie componenti diverse. Una definizione breve potrebbe essere: “Il clima è lo stato medio del sistema oceano, atmosfera, criosfera, biosfera”. Il clima agisce su periodi molto lunghi di tempo (decenni, centinaia o migliaia di anni) e la **climatologia** non produce previsioni del tempo che farà. Il **climatologo** osserva: raccoglie dati, individua tendenze e cerca di creare delle proiezioni statistiche di quello che potrebbe succedere se una serie di caratteristiche chimico-fisiche-biologiche permangono. Oppure cosa cambierà se l’equilibrio di un’area viene a mutare improvvisamente.

Mentre i cambiamenti raccontati dalla meteorologia sono immediatamente sotto gli occhi di tutti (piove o c’è il sole...) e in parte te li aspetti (è improbabile che il 2 di agosto nevichi in Piazza del Popolo a Ravenna), i cambiamenti climatici sono molto più sottili da individuare. Perché è la statistica che ce li racconta: l’insieme dei dati raccolti dai meteorologi va a creare delle serie statistiche; più è ampia e dettagliata una serie di dati meglio il climatologo può fare le sue osservazioni. E confermare quelle osservazioni empiriche individuali che tutti noi abbiamo e che sono legate a una settimana di caldo inusuale a novembre o a delle piogge persistenti in luglio.

Ecco perché oggi gli scienziati possono affermare che è in atto un cambiamento climatico. Perché grazie alle registrazioni capillari e regolari che da 150-160 anni abbiamo su buona parte del Pianeta (e in certe zone, come in Piemonte, i dati risalgono anche a 200 anni or sono), hanno osservato che la temperatura media sulla Terra (calcolata dalle registrazioni effettuate nelle diverse località) è salita. Dal 1880

Stazione Spaziale per il rilevamento dei dati sul meteo.

Giampilieri, Italia, ottobre 2009. Una violenta alluvione provocò smottamenti e slavine: numerose le vittime rimaste sepolte sotto il fango.

a oggi la temperatura è aumentata di 1 °C in media su tutto il globo, di più del doppio in alcune regioni particolarmente sensibili come l'Artico e le montagne. Osservazioni confermate dall'aumento delle precipitazioni, dall'aumento di tifoni e trombe d'aria in certe zone e dall'aumento della siccità e dalla desertificazione in altre, come quella mediterranea, e dall'occorrenza anche nelle regioni soggette a lunghi periodi secchi, di episodi di precipitazione intensa e concentrata (nubifragi).

IL CLIMA NEL PASSATO

Se le variazioni climatiche globali le possiamo osservare grazie ai dati raccolti dal 1850 in avanti, è importante però collocare questo ultimo secolo su una scala più ampia. Come era il clima 100 mila anni fa? E 1 milione di anni fa? I climatologi si dedicano anche alla **paleoclimatologia** per capire meglio il ruolo dell'uomo (l'animale più "invadente" in assoluto che la Terra abbia mai sopportato) nei cambiamenti climatici di oggi.

Dallo studio dei ghiacci più antichi (ne parliamo nel paragrafo successivo) o da quello dei pollini fossili (la **palinolo-**

Pollini al microscopio. Lo studio dei pollini fossili può ricostruire la storia della vegetazione del passato e quindi dei cambiamenti climatici nel tempo.

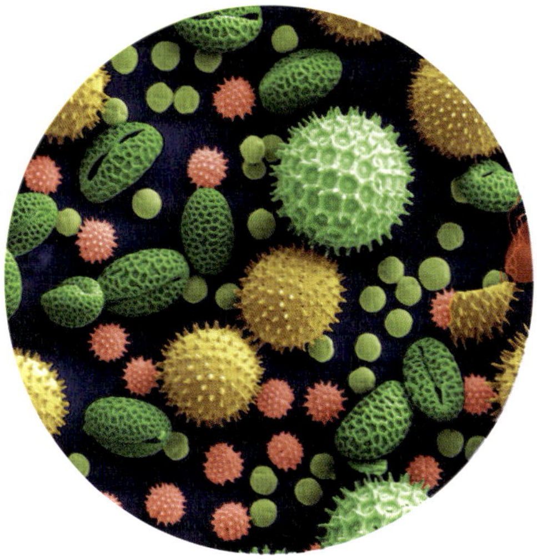

gia) si possono ricavare importanti informazioni sulla distribuzione delle piante in passato, dunque sulle condizioni climatiche. Le capsule di rivestimento dei pollini, molto resistenti, si conservano infatti intatte per milioni di anni. I sedimenti al fondo dei laghi e le torbiere sono favorevoli allo studio di lunghe "successioni" polliniche. Gli strati vengono datati con il metodo del Carbonio-14 e i pollini analizzati al microscopio elettronico: forma e caratteristiche del loro involucro permettono di riconoscere la specie vegetale, le cui preferenze climatiche suggeriscono le condizioni di temperatura e umidità del periodo.

La climatologia è dunque la scienza della complessità, che si concentra sul capire quando i mutamenti del clima fanno parte della normale variabilità del pianeta Terra. Le oscillazioni del clima su scale di tempo brevi (5, massimo 10 anni) sono facili da osservare, anche ascoltando i racconti dei nonni, ma sono poco indicative su scala planetaria perché possono essere legate a variabilità interne del sistema climatico che derivano dal suo essere un sistema dinamico e complesso e sempre legato alle caratteristiche di un territorio. Fenomeni preziosi, ma la climatologia cerca uno sguardo più ampio e osserva alcuni fenomeni ben precisi che sono sempre esistiti nella storia della Terra cercando di capire cosa accelera o rallenta il fenomeno. Un evento naturale come un terremoto sicuramente cambia gli equilibri del clima, ma assai lentamente, mentre le attività dell'uomo creano cambiamenti ben più veloci.

CLIMA E CRONACHE STORICHE

Per ricostruire il clima degli ultimi secoli sono fondamentali anche i documenti, le cronache e le immagini storiche conservati presso le biblioteche, gli archivi comunali, parrocchiali, privati... La loro analisi statistica consente di conoscere l'andamento nel tempo di siccità, alluvioni, valanghe, ondate di gelo e di caldo, tempeste di vento, grandinate, e il loro impatto sul territorio e la società umana, anche attraverso la relazione con i prezzi di mercato dei prodotti, o la data delle vendemmie. In Italia informazioni di questo tipo iniziano ad apparire all'incirca dopo l'anno Mille, ma divengono abbondanti soltanto dal 1600. Sulle Alpi è ben documentata storicamente, da cronache e dipinti, la Piccola Età Glaciale, periodo fresco e umido compreso tra le metà del 1300 e il 1850.

Scienziati in Antartide estraggono una carota di ghiaccio.

LE CAROTE DI GHIACCIO

Prendi un cubetto di ghiaccio dal frigo e guardalo in controluce. Noterai delle microbollicine di aria, che sono rimaste intrappolate quando hai riempito la vaschetta di acqua. Quando hai preparato quel ghiaccio? La settimana scorsa? Un anno fa? Quelle bollicine sono una testimonianza del momento in cui si è formato il ghiaccio e mantengono nel tempo l'aria di quell'istante con tutte le sue caratteristiche.

Ecco perché i **ghiacci polari** sono un preziosissimo scrigno di informazioni scientifiche sul recente passato climatico del nostro pianeta. L'Italia dispone di una **base scientifica** chiamata Dirigibile Italia presso le Isole Svalbard, all'estremo nord del mondo e due in Antartide: la Stazione Mario Zucchelli e la Stazione Concordia (gestita in collaborazione con la Francia), nate anche per "ascoltare" i racconti delle cosiddette carote di ghiaccio, campioni di forma cilindrica che i ricercatori estraggono con delle trivelle: la parte della carota più vicina alla superficie corrisponde al ghiaccio che si è formato di recente, mentre quella più in profondità appartiene al ghiaccio formatosi in tempi remotissimi. Studiando le polveri e le tracce di sostanze chimiche rimaste intrappolate nei diversi strati di ghiaccio si possono ricostruire mutamenti nella composizione dell'atmosfera o grandi eventi geologici.

La base di ricerca permanente franco-italiana Concordia in Antartide. Si trova sul plateau antartico, nel sito denominato Dome C a 3233 metri di altitudine.

IL PROGETTO EPICA

Una carota lunga oltre tre chilometri estratta durante il progetto italo-francese chiamato EPICA ("European Project for Ice Core Drilling in Antarctica"), condotto principalmente da Italia e Francia tra il 1996 e il 2005, ha consentito di ricostruire i livelli di anidride carbonica e i composti dell'azoto e del metano presenti in atmosfera negli ultimi 820 mila anni.

Man mano che veniva estratta, la carota di ghiaccio veniva tagliata in cilindri più corti e maneggevoli e di tanto in tanto se ne asportava una fettina. Analizzando le bollicine d'aria di ogni fettina della carota Epica si è visto come l'aria contenesse percentuali diverse di CO_2 a seconda dei periodi e che i periodi con concentrazioni inferiori di CO_2 erano anche quelli in cui la Terra attraversava momenti molti freddi, le **glaciazioni**. Ce ne sono state 8 negli ultimi 820 mila anni, intervallate da periodi più caldi, in cui le concentrazioni di CO_2 erano più elevate. Inoltre, nelle fettine più vicine alla superficie sono state trovate tracce di ceneri prodotte nelle eruzioni dei vulcani Tambora (nel 1815) e Krakatoa (1883), mentre in quelle più antiche pollini di piante estinte da tempo.

Nel grafico della pagina seguente (nella parte disegnata in arancione) potrai notare che per oltre 820 mila anni l'anidride carbonica presente in atmosfera (quella natura-

Grazie al progetto EPICA abbiamo constatato senza ombra di dubbio che l'aumento della CO_2 nell'atmosfera porta sempre a un aumento della temperatura media terrestre.

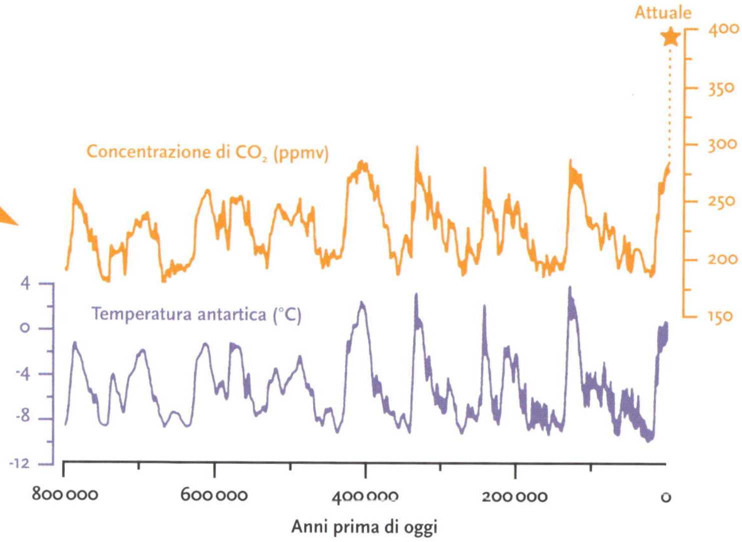

le, espressione della Terra) è stata ben al di sotto delle 300 ppmv (parti per milione in volume, ovvero in uno scatolone che contiene un milione di molecole assortite 300 sono di CO_2). Negli ultimi 150-200 anni è schizzata oltre le 400 ppmv. Un aumento che è ovviamente correlato alla Rivoluzione industriale quando l'uomo ha repentinamente iniziato a usare carbone e petrolio per il progresso tecnologico. E questo aumento della quantità di anidride carbonica in atmosfera è regolarmente legato alla temperatura media di una regione: più aumenta la CO_2 più fa caldo.

VIVERE CON 2 GRADI IN PIÙ

Utilizzare combustibili fossili significa immettere in atmosfera elevate concentrazioni di CO_2 (biossido di carbonio o anidride carbonica), la principale molecola responsabile dell'aumento dell'**effetto serra**. Le attività industriali liberano anche composti artificiali, sconosciuti in natura, che sono pure potenti gas serra, come l'esafluoruro di zolfo (SF6) e i cloro-fluoro-carburi (CFC), questi ultimi dannosi per lo strato di ozono stratosferico.

L'aumento delle temperature terrestri è la conseguenza più tangibile dell'aumento dell'effetto serra. I modelli ma-

tematici eseguono previsioni per il futuro cercando di capire come cambierà il mondo per via dello sviluppo economico e tecnologico. Entro il 2100 la temperatura media terrestre potrebbe aumentare tra 0,3 a 4,8 °C. I maggiori aumenti di temperatura si registreranno probabilmente nelle zone artiche e sulle catene montuose più elevate dove la diminuzione dell'area coperta da ghiacci e nevi agisce come amplificatore del riscaldamento. Le Alpi così come l'Himalaya stanno già perdendo ghiaccio molto molto rapidamente.

Un assaggio di quello che potrà accadere regolarmente in Europa lo abbiamo avuto nell'estate del 2003, quando una calura e una siccità eccezionali hanno colpito Francia, Spagna, Portogallo, Italia, Paesi Balcanici e Grecia. Le temperature medie stagionali hanno superato i valori normali anche di 3-4 °C e la persistenza di forti anticicloni nord-africani è stata la causa di alcune settimane di sofferenza. Nell'agosto di quell'anno oltre 30 mila decessi sono stati attribuiti al caldo, principalmente in Francia, Spagna e Italia.

In una sola stagione, sulle Alpi i ghiacciai hanno perso anche il 10% del loro volume, vaste porzioni di pascoli e boschi sono seccate, e la portata del Po e dei suoi affluenti si è ridotta tanto da mettere in crisi la navigazione e il funzionamento delle centrali elettriche. Secondo i climatologi si è trattato dell'estate più calda da 500 anni, e una tale anomalia sarebbe riconducibile al cambiamento climatico indotto dall'uomo. I modelli numerici prevedono che entro la fine del XXI secolo estati così calde potrebbero divenire molto più frequenti.

Se i casi più eclatanti riempiono subito le pagine dei gior-

Le barriere coralline stanno scomparendo e potrebbero migrare proprio nel Mediterraneo.

ALIENI NEL MEDITERRANEO

Il riscaldamento globale e l'aumento della temperatura e della salinità ha favorito l'insediamento di specie esotiche nel Mediterraneo. Il numero di specie aliene è più che raddoppiato tra il 1970 e il 2015, e ora se ne contano circa 837: tra queste il pesce palla maculato, il pesce scorpione, il pesce flauto...

nali, quasi più preoccupanti sono le variazioni minime, "invisibili" ma in costante crescita. È il caso della temperatura delle acque del Mar Mediterraneo, che a partire dal 1995 si è costantemente e progressivamente riscaldato. In diversi punti del *Mare Nostrum* le campagne di raccolta dei dati climatici hanno registrato costanti aumenti di 0,1-0,2 °C sulle medie di metà Novecento e uno dei primi sintomi avvertiti anche dai pescatori è stato l'arrivo di **pesci tropicali** che hanno trovato un nuovo habitat per la riproduzione. Le temperature superficiali di mari e oceani (SST = Sea Surface Temperature) sono un importante fattore che influenza il clima terrestre, e sono monitorate con l'aiuto dei satelliti artificiali.

I REPORT DELL'IPCC

Per capire meglio le relazioni causa-effetto dei cambiamenti climatici, accanto ai diversi gruppi di ricerca nazionali o internazionali che svolgono i loro studi sul clima nelle diversi parti del mondo, nel 1988 le **Nazioni Unite** e l'**Organizzazione meteorologica mondiale** hanno deciso di istituire un gruppo di scienziati che conducesse altri esperimenti e che soprattutto mettesse insieme tutte le conclusioni delle ricerche effettuate nei campi più disparati purché connes-

Sarawak, Borneo, Malaysia. Strade e terrazzamenti prendono il posto delle foreste.

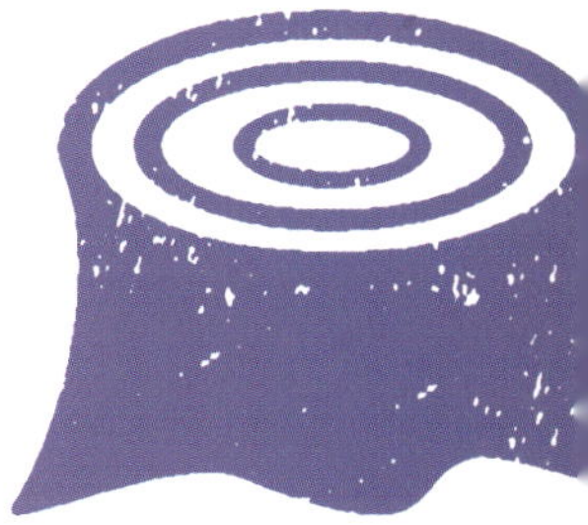

si alla comprensione dei cambiamenti climatici: sulle acque dei mari e sui ghiacciai alpini, sull'inquinamento delle città e sull'allevamento dei bovini, sulla produzione industriale delle acciaierie e sulla deforestazione. La climatologia è una scienza che si basa principalmente sullo studio delle relazioni fra gli eventi, macroscopici o microscopici. Il gruppo è stato battezzato ***Intergovernmental Panel on Climate Change*** (Gruppo di studio intergovernativo sul cambiamento del clima), in sigla noto come IPCC.

Esattamente come alle Nazioni Unite, tutti i Paesi sono rappresentati nell'IPCC: non è la ricchezza di un Paese o la sua estensione geografica, il numero di abitanti o la sua "modernità" che fa accedere uno scienziato di qualsiasi nazionalità (e credo religioso) all'interno del IPCC. Vale solo un criterio: la qualità della sua ricerca scientifica. In rappresentanza di 130 Paesi il numero dei suoi componenti è dunque variabile e finora è oscillato fra i 1200 e i 3000 partecipanti tra esperti ingaggiati stabilmente e consulenti momentanei.

Ogni 5-6 anni l'IPCC presenta un **Report** che è la sintesi delle ricerche fatte in tutto il mondo da istituti scientifici pubblici e privati. Si compone di due parti. Quella più corposa è piena di cifre ed è scritta in "scientifichese", nella lingua degli scienziati e non è di facile lettura. La parte più interessante è un "estratto" del Report che viene espressamente indirizzato ai "decisori politici": capi di stato, industriali, banchieri, ma anche all'assessore all'ambiente del piccolo paesino con poche centinaia di abitanti. Gli scienziati dell'IPCC vogliono rivolgersi a tutti perché tutti devono sapere come il clima si sta modificando e perché tutti hanno la possibilità

CONSUMO DI SUOLO E DEFORESTAZIONE

L'uomo influisce sul clima non solo direttamente tramite l'utilizzo di combustibili fossili, ma anche indirettamente con i cambiamenti d'uso dei suoli e con la deforestazione. Abbattendo gli alberi e ricoprendo il territorio di edifici, cemento e asfalto, cambia l'**albedo** (quantità di energia solare riflessa dal pianeta in rapporto a quella in arrivo), diminuiscono la capacità di infiltrazione dell'acqua nel terreno, l'evapotraspirazione e l'assorbimento di CO_2 da parte della vegetazione; aumentano l'erosione dei suoli e il surriscaldamento locale (isola di calore: la città è più calda della campagna circostante).
Ogni anno sulla Terra vengono abbattuti circa 10 milioni di ettari di boschi e foreste, che oggi sono già ridotti alla metà delle loro superfici originarie. Oltre il 10% del territorio italiano è artificializzato, cioè coperto da infrastrutture, strade e cemento. Una superficie che continua a crescere, anziché diminuire; un problema che sale alla ribalta solo quando un'alluvione crea feriti e vittime, dimenticati nel giro di un paio di settimane.

di fare qualcosa. Dunque il Report dell'IPCC (scritto in inglese ma poi via via tradotto nelle lingue nazionali) è di facile lettura e anche tu potresti leggerlo da solo (in genere sono una trentina di pagine).

2018: 30 ANNI DI STUDIO DELL'IPCC

A fine 2013 è stato presentato il **Quinto Rapporto sul Clima dell'IPCC** e ancora una volta la comunità scientifica esperta di climatologia è unanimemente d'accordo: il riscaldamento globale, osservato dal 1950 in poi, è principalmente colpa dell'uomo, il 95% delle cause sono legate al nostro stile di vita.

In sintesi il Quinto Rapporto IPCC afferma quattro fatti, tutti scientificamente provati:

1. La temperatura media è aumentata nel corso del 1900 di 0,89 °C.

2. Rispetto alla temperatura media dell'anno 2000, senza interventi immediati e decisivi nei prossimi 90 anni la temperatura media della Terra potrebbe ancora aumentare da 0,3 a 4,8 °C. Il primo decennio del XXI secolo è stato il più caldo dal 1850. Significa che i ghiacciai continueranno a fondersi, diminuiranno le scorte di acqua dolce, aumenterà la siccità e la desertificazione, ci sarà meno superficie coltivabile.

3. Nel corso del 1900 il livello dell'acqua del mare sulle coste

MONDI SOMMERSI
L'innalzamento delle acque causato dallo scioglimento dei ghiacciai sta facendo sparire molte isole e atolli nell'oceano Pacifico. Qualche anno fa, cinque isole dell'arcipelago delle Salomone sono state sommerse dal mare. Alcune di queste non erano abitate, ma altre invece sì e molti villaggi sono stati distrutti. Intere comunità sono state costrette ad abbandonare le proprie case: sono i primi rifugiati ambientali del nostro pianeta.

è cresciuto di 19 centimetri; entro il 2100 potremmo assistere a un ulteriore aumento compreso tra i 26 e gli 82 centimetri (nel IV Rapporto l'intervallo ipotizzato era tra 19 e 58 centimetri: le cose sono peggiorate). Significa isole che scompaiono e che la vita di intere comunità deve traslocare più all'interno. Il Mediterraneo subisce meno queste alterazioni ma Liguria, Romagna e Veneto sono le zone italiane più a rischio.
4. L'intensificarsi dell'uso dei combustibili fossili e la deforestazione hanno causato oltre la metà dell'aumento di temperatura atmosferica già osservato, e, di conseguenza, il riscaldamento e l'acidificazione degli oceani, la fusione dei ghiacci, l'innalzamento del livello dei mari e l'intensificarsi di alcuni eventi meteorologici estremi.

Il 2018 è un anno speciale per l'IPCC perché si celebra il 30esimo anniversario dell'istituzione. Il 2018 non è solo una tappa storica, bensì segna un momento fondamentale nello studio del cambiamento climatico. Infatti, per l'occasione, tra la fine del 2018 e l'inizio del 2019 è attesa l'uscita di un rapporto speciale, che anticiperà il **Sesto Rapporto IPCC** previsto per il 2022, che gli scienziati stanno scrivendo. Alcune anticipazioni confermano i dati del rapporto precedente e ci sarà un inserto speciale sulle montagne, sentinelle del clima, finora non molto considerate. Il rapporto darà un contributo per rafforzare la risposta globale alla minaccia dei cambiamenti climatici, puntando sullo sviluppo sostenibile e sulle politiche economiche.

Per la sua attività di sensibilizzazione al tema del riscaldamento globale l'IPCC ha ricevuto il **Premio Nobel per la Pace** 2007.

GHIACCIAI CHE SCOMPAIONO

In tutte le Alpi i ghiacciai si sono fortemente ritirati: dalla fine delle Piccola Età Glaciale (1850 circa) a oggi hanno perso la metà della loro superficie, a causa dell'aumento di temperatura di circa 1,5 °C. Un'ulteriore conferma del riscaldamento globale in atto.
Il regresso è divenuto più vistoso negli anni Ottanta e si è accentuato dal 2003. Secondo i glaciologi, entro il 2050 tutti i ghiacciai alpini al di sotto dei 3500 metri potrebbero scomparire. Le conseguenze interesseranno la stabilità dei versanti (frane laddove il ghiaccio non trattiene più le rocce), l'approvvigionamento di acqua in pianura (minore disponibilità in estate), il turismo (minore attrattiva dell'alta montagna senza ghiacciai).

POSTFAZIONE

A cosa serve una postfazione? Se la prefazione di un libro serve a presentarlo, una postfazione dovrebbe servire a tirare delle conclusioni. Ma se siete arrivati a leggere questo bel libro di Andrea Vico fino a qui, le conclusioni siete perfettamente in grado di tirarle da soli.

Io ho conosciuto Andrea in una manifestazione pubblica dedicata all'energia e alla divulgazione scientifica. Poi assieme a lui abbiamo incontrato migliaia di ragazzi per giocare ad una "Tombola dell'energia", un pretesto per raccontare appunto alcune delle cose che avete letto in questo libro.

Il racconto di Andrea è appassionante: evoca e spiega una magnifica avventura dell'umanità. E racconta cose che nessuno può più permettersi di ignorare. Leggendolo avrete certamente capito che il futuro dipende da noi, dalle nostre scelte, dalle quali dipende letteralmente la nostra sopravvivenza. E per scegliere, per decidere democraticamente che strada intraprendere nel campo dell'energia, bisogna conoscere. Andrea, in questo senso, ci regala ottimi strumenti perché ci lascia più consapevoli e competenti. Una cosa è certa: l'energia non è infinita e quindi va usata con cautela, va risparmiata. Questo libro ci motiva a farlo e ci spiega anche come. Ma è come se ci lasciasse una ulteriore esortazione: andate avanti! Andrea è partito dall'inizio e ci ha avvicinato al tema fondamentale dell'energia e dell'uso delle risorse, ci ha dato alcune risposte fondamentali stimolandoci a porre altre domande.

L'energia è infatti strettamente legata al tema dell'economia e quindi della politica, che è una cosa bellissima che studia e discute il modo in cui si devono impiegare le risorse che sono di tutti, e che viceversa qualcuno vuole sfruttare soltanto per i propri interessi. Oggi, sulla Terra, l'energia è appunto distribuita molto male: pochi Paesi ricchi consumano molta energia e molti Paesi poveri non ne hanno abbastanza. E questo porta a squilibri, ingiustizie e a conflitti. Ora che molti Paesi in via di sviluppo reclamano il diritto a loro volta a usare più energia si pone però il problema dell'inquinamento globale.

Ma anche restando in casa nostra non mancano le contraddizioni: in Italia l'energia costa di più che altrove e questo pesa sul nostro sviluppo. Perché? In parte perché l'Italia deve importare energia da fuori. Ma quali sono le fonti energetiche che ci conviene sfruttare, noi che abbiamo in abbondanza sole, vento, geotermia e biomasse? Forse il costo è anche colpa delle tasse che gravano sul prezzo dell'energia. Ma magari le nostre infrastrutture (cioè il modo di produrre energia, immagazzinare le materie prime e soprattutto di distribuire l'energia) non sono efficienti, quindi vanno cambiate, ma come? E non sarà che qualcuno nel mercato dell'energia tende anche a speculare?

Caro Andrea, grazie per avere scritto questo libro cinque anni fa. E grazie per la nuova edizione, che aggiorna i dati e che aggiunge un importante capitolo sul rapporto tra sfruttamento dell'energia e cambiamenti del clima: ci aiuta a ragionare, a riflettere e a scegliere da che parte stare.

Patrizio Roversi

INDICE ANALITICO

LE MISURE DELL'ENERGIA

A – AMPERE

Misura la corrente elettrica ovvero la quantità di elettroni che percorre un conduttore in un secondo (un po' come l'acqua che scorre in un tubo).
1 ampere è pari a 6,24 x 1018 elettroni al secondo.
In onore di André Marie Ampère.

BARILE

È l'unità di misura dell'industria petrolifera: si usa per calcolare il greggio estratto da un giacimento o le sue riserve accertate o stimate. Un barile di petrolio equivale a circa 160 litri.

CAL O KCAL – CALORIA

Misura l'energia chimica contenuta nel cibo.
1 singola caloria vale 4,187 joule. Un'ora di pallavolo necessita di 450 kcal, mentre un'ora di tv sul divano di 30 kcal. Una tonnellata di petrolio contiene 10 milioni di kcal. 600 grammi di riso forniscono 2000 kcal, ovvero l'equivalente di 2 kWh.

°C – GRADO CELSIUS

Detti anche gradi centigradi, si usano per misurare la temperatura. A 0 °C l'acqua congela, a 100 °C l'acqua, sul livello del mare, bolle.
In onore di Anders Celsius.

HZ – HERTZ

È l'unità di misura della frequenza delle onde, che sono una delle tante forme di energia: i raggi infrarossi del calore, le microonde dei forni...
In onore di Heinrich Hertz.

J – JOULE

Unità base dell'energia, il joule misura il "lavoro". Si produce 1 joule quando la forza di 1 newton si sposta di 1 metro. Un cono gelato al cioccolato contiene oltre 1 milione di J, per giocare a calcio 1 ora servono 1900 kj. Ogni secondo i raggi del Sole regalano alla Terra 1400 J per ogni metro quadro di superficie terrestre.
In onore di James Prescott Joule.

KWH – CHILOWATTORA

Misura quanta elettricità o energia viene trasferita (o consumata) in un'ora. È l'unità usata per calcolare l'energia prodotta da una centrale e per conteggiare i consumi elettrici di casa.
Una famiglia media italiana ha bisogno di 3500 kWh l'anno.

LM – LUMEN

Ogni sorgente luminosa ha la sua capacità di illuminare: questo "flusso" si misura in lumen.
1 candela accesa produce circa 12 lm.
A parità di lumen una lampadina a fluorescenza compatta consuma 6-8 volte di meno.

M³ – METRO CUBO

Il gas naturale si conteggia in metri cubi: lo "standard metro cubo" è la quantità di gas racchiuso da un cubo avente gli spigoli lunghi 1 m, in condizioni standard di temperatura (15 °C) e di pressione. Il "normal metro cubo" si usa per la misura del gas liquido (GPL), portato alla temperatura di 0 °C. 18 porzioni di patatine fritte hanno la stessa energia di 1 m^3 di gas.

TEP – TONNELLATA EQUIVALENTE DI PETROLIO

È una misura convenzionale per paragonare fra loro le diverse fonti energetiche.
1 TEP è la quantità di calore ottenibile con una tonnellata di petrolio: se si misura in TEP la produzione di una fattoria del vento si può capire quanto petrolio si riesce a "risparmiare" con quelle pale eoliche.

V – VOLT

Con il volt si misura il potenziale elettrico di un corpo elettricamente carico. Semplificando, il volt misura la forza che hanno i singoli elettroni che sono parte di un campo elettrico.
1 V vuol dire (con una corrente di 1 A) una disponibilità di 1 J di energia al secondo.
In onore di Alessandro Volta.

W – WATT

Unità di misura base dell'elettricità, misura la potenza e la trasformazione di una forma di energia a un'altra in un secondo: 1 W è la possibilità di trasformare 1 J al secondo.
Una persona di 50 kg che sale 10 gradini in 10 secondi svolge un lavoro di circa 960 J e, in quei 10 secondi, esprime una potenza di 96 W (come una lampadina). Si usa per indicare l'energia che può erogare una centrale, un pannello fotovoltaico, una pala eolica...
1 kilowatt = mille W
1 megawatt = un milione di W
1 giga watt = mille MW ovvero un milione di kW
1 cavallo vapore = 1 kW = 1 m^2 di luce solare
In onore di James Watt.

APPUNTI

APPUNTI

L'AUTORE

Andrea Vico, torinese (50 anni, 4 figli e una bicicletta), è giornalista dal 1988 e da quasi 25 anni si dedica esclusivamente alla scienza. Ha scritto di ambiente, energia, frontiere della ricerca, nuove tecnologie su *TuttoScienze-La Stampa, Il Sole 24 Ore* e *Le Scienze*. Ha lavorato in Rai (*Hit Science* per RaiTre) e in radio. Accanto all'attività giornalistica scrive libri e progetta mostre interattive. È docente universitario e insegna Comunicazione della scienza al dipartimento di Matematica dell'Università di Torino. Ogni anno partecipa al Festival della Scienza di Genova, al Festival dell'Energia e alla Notte dei Ricercatori come autore e organizzatore di eventi ludo-didattici. È fondatore e presidente dell'associazione "ToScienceCamp" che progetta e realizza campi estivi scientifici e gite scolastiche per bambini e ragazzi, e viaggi all'insegna della scienza per adolescenti e adulti (www.tosciencecamp.it).

IN COLLANA

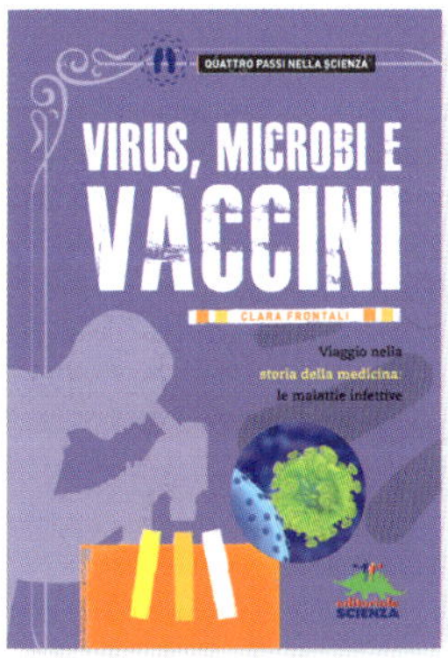